線型代数対話 第 1 巻

圏論的集合論
集合圏とトポス

西郷 甲矢人・能美 十三 共著

現代数学社

まえがき

　本書は，シリーズ「線型代数対話」の第一巻である．にもかか
わらず，「いわゆる線型代数」で扱われる話はほぼまったく登場しな
い．したがって，線型代数のテスト前の学生に対しては，本書で
勉強しようなどという愚かな考えは捨てて，ただちに本書を購入し
て部屋の一角にでもインテリアとして飾ることを勧める．本書に限
らないが，本というものは買うだけで御利益があるものである[*1]．
とはいえ本書は家具にしてもらうために執筆したものではないし，
本シリーズはきわめて高邁なる志のもとに出版されるのである．そ
の志とは，著者二人による対話という形をとりながら

　　　　もっとも広い意味における線型代数の沃野を圏論的に鳥瞰
　　　　しつつ，蛇のように地べたを這いずり回りながら進む

ことにある．
　ここでもちろん「もっとも広い意味における線型代数」とは何か
を説明しなければならない．しかしこれを説明するのは難しい．著
者であるわれわれすら意味が明確にはわからないからである．それ
でも，現代を生きる多くの数学者は「ホモロジー代数」「関数解析」
といった分野を「広い意味における線型代数」と呼ぶことに賛同し
てくれるだろうと思われる（もちろん，賛同しつつも「そういう風
に言い表しきれないところにこそ分野の本質がある」と言う人も多
いだろうが）．なかでも「表現論」と呼ばれる分野は「広い意味にお

[*1]　ただしヘイト本等は除く．

ける線型代数」の代表格であろうが，言い伝えによれば 20 世紀が
生んだ偉大なる賢者ゲルファントは「表現論は数学を含む」と言っ
たそうである（もちろん，現代の物理学の多くの分野をも含むだろ
う）．偉大なる賢者の言葉に基づくならば，「もっとも広い意味にお
ける線型代数」というのは数学全体を（物理学の諸分野とともに）
含むことになる．つまり本シリーズの志をやや矮小化して言えば

> 数学全体を圏論的に鳥瞰しつつ，
> 蛇のように地べたを這いずり回りながら進む

ということになる．

　なんということだ．ブルバキ『数学原論』並みの壮大な試みを，
怠惰な数学者と不真面目な会社員の二人でやろうというのか[*2]．蛇
のように地べたを這いずり回るのは大得意だとしても，数学全体
を鳥瞰？それも圏論的に？―「そんなことができるものか (So was
kann man ja nicht.)」とランダウなら言い放つかもしれない[*3]．著者
らもそう思う．しかし高邁な志というものはいったん立ててしまっ
た以上，果たさないわけにはいかないものである[*4]．

　そういうわけで，この第一巻では「圏論的集合論」を扱うことに
する．より詳しく言えば，「集合と写像の全体からなる世界」＝「集
合圏」（そしてその一般化としての「トポス」）の概念を，圏論の基
礎概念を準備した上で「定義」し，「もっとも広い意味における線型

[*2] 対照的に，最近出版された齋藤毅『数学原論』（東京大学出版会）は，真摯な数
学者一人による無謀でない実り豊かな試みであろう．
[*3] 髙木貞治『数の概念』（講談社ブルーバックス）「序」を参照．
[*4] なお，ブルバキ「数学原論」の「実一変数関数」にあたる部分は，すでに『指数
関数ものがたり』（日本評論社）という形で上梓した．本シリーズは，「ブルバキのそ
れ以外の部分」をどうにかしようという無謀な試みである．

代数」の基盤に据える.

　ちょっと待った.　いくらなんでも集合論から始めるのはやりす
ぎではないか.　それも, 通常の公理的集合論の話をするならまだ
しも, 圏論的に取り扱うなんて過激すぎる.　だいたい「線型代数」
を掲げておきながら集合圏だとかトポスだとかばかり話しているの
は一種の詐欺ではないか.　…こうした批判が猛烈になされるであろ
うことも想定内である.　それらに対して,

　　　　集合論はねぇ　　一元体上の線型代数　　なんだなぁ

とでも一言つぶやき返せれば格好いいのであるが, 残念ながら著
者らは現時点では一元体が何なのかを知らない[*5] (シリーズ完結の
暁には「完全に理解した」状態に達することであろう).　そこで別
な弁明をするとすれば, 次のようになる.　ただ, 弁明がたいてい
そうであるように, 若干長くなる (興味のない読者は飛ばしてくだ
さって大丈夫である).

〈以下, 弁明〉

　「いわゆる線型代数」の講義や教科書において通常採用される方
法は,「素朴集合論」に基づいて線型空間や線型写像の概念 (あるい
はその特殊例・具体化である数ベクトル空間や行列の概念) をす
みやかに理解させることである.　素朴集合論というのは, 本来な
ら「一階述語論理で形式化されていない集合論」といった意味で用

[*5] 「一元体」から数学を考えるとはどういうことかについては, 黒川信重「絶対数
学原論」(現代数学社) などを参照のこと.

いるべき語ではあろうが，多くの数学者がそうするように，ここでは，

> 「集合とは〈要素〉からなる集まりである」といった理解に
> 基づきつつ，数学的概念を「集合（しばしば「集合の集合」
> や，それらからなる「組」が用いられる）」としてとらえ，
> 対応付けや類別といった「数学的活動」を手際よく表現する
> ための「作法」の総体

といったようなものを大まかに指す語として用いよう．いいかえれ
ば，集合に対してどのような操作が「許される」かについては，「要
素の集まり」についての直観から出てくる「良識」にゆだね，深く
は問い直さずにあくまで数学の「道具」として用いるという（下手
をするとパラドックスに逢着しうる）「集合の算数」を指すことにし
よう．もちろん，このような意味での素朴集合論にしても，「許さ
れる操作」をきちんと定義して，「良識」を公理の形に整理していく
ことで（そして一階述語論理を用いて形式化することで[*6]）公理的
集合論に昇華することが可能なのであるから，それほどいい加減
な話をしているわけでもない（だから，初学者はそんなに深刻に悩
まなくても大丈夫である[*7]）．要は，ここでいう素朴集合論は確か
に素朴ではあったとしても，「いわゆる線型代数」について学ぶ上で
は（数学の多くの分野について個々に考える上では）充分に使い勝
手の良いものである，ということである．

[*6] 一階述語論理が何か知らない人は，この部分や以下で「一階述語論理」という語
が登場する部分を読み飛ばしてもらえば結構である．
[*7] こういう適当なことをいうと，数理論理学者には叱られる気がするが．

一方，著者らは，「もっとも広い意味での線型代数」を考える上では（とくに各分野の内側だけではなく，分野間の有機的なつながりや翻訳を考える上では），いわば「素朴圏論」を活用することが最も有効であると確信している．ここでいう素朴圏論というのも明確に定義された概念ではないが，

> 「圏とは〈対象〉とその間の『合成可能な関係』である〈射〉からなる体系である」といった理解に基づきつつ，数学的概念を「対象と射からなる図式」としてとらえ，対応付けや類別といった「数学的活動」を手際よく表現するための「作法」の総体

といったものを大まかに指す語として用いよう．いいかえれば，「圏」「関手」「自然変換」といった圏論の基本概念（本書でもひとつひとつ導入していく）を，（一階述語論理を用いて形式化するといったことはさておいて）「基本語彙」として導入し，活用する「圏の算数」である．

　そのような「圏の算数」が果たしてパラドクスに逢着しないか心配する読者のために言っておけば，パラドクスが起こらないように工夫された「基礎づけ」は数多く提案されており，現在も「よりよいもの」を求めて研究されている．それらの基礎づけの提案の中には，公理的集合論の枠組みを活用するものもあれば，集合論に依存するのではなく，（圏論的な枠組みを一階述語論理を用いて直接に形式化することによって）圏論自身を公理化しようとするものもある．特に「（数学を展開するために必要な）圏とその間の射にあたる関手からなる（メタレベルの）圏」を圏論的な枠組みで公理

化するというのも魅力的な提案である[*8]. また，本書のテーマである「集合圏」の概念を一階述語論理を用いて形式化することによって，（通常数学の数学で用いられるような程度の）集合論を公理化することも可能である[*9]. したがって，（形式化された）「圏の算数」自体を「数学の基礎」に用いるという方向性もありうるわけである．

　とはいえ，非専門家の身で[*10]このようなことを言っていると炎上必至であるから，話をもとに戻そう．難しいことはさておき，20世紀後半以降の数学の発展が明らかに示してきたことは，この「圏の算数」こそが，数学のあらゆる分野の枠を越え，数学の有機的なネットワークの実相を明らかにするために有効な言語であるということである．つまり，（素朴）圏論を習得することは，この現代数学の広大な沃野を自由に探索するためのパスポートとなる，ということである．

[*8]　このアプローチは Lawvere, F. W., 1966, The Category of Categories as a Foundation for Mathematics, Proceedings of the Conference on Categorical Algebra, La Jolla, New York: Springer-Verlag(1966), 1–21. に始まるが，その後問題点が指摘された．その問題点を克服する形で提起された提案としては McLarty, C., Axiomatizing a category of categories. Journal of Symbolic Logic 56 (1991, no. 4), 1243–1260. がある．おそらく，最も自然な方向性は，2 - 圏の理論（あるいはさらなる高次圏の理論）のなかでの公理化であろうと著者らは思うが，その方向性の進展については詳しく知らない．多くの数学者たちが心から満足できるような「素朴圏論の公理化」が登場することを願っている（あるいは，すでに登場しているのかも知れないが）．

[*9]　圏論的な発想に基づきつつも，（基礎づけにおけるやっかいな問題を回避するために）圏論の概念は表に出さず，（本音でいえば「集合圏の対象」そのものである）「集合」や（本音でいえば「集合圏の射」そのものである）「写像」を理論の出発点たる「無定義語」として公理化するという意味（その「内容」は本音でいえば本書で扱われる「集合圏の定義」そのものである）．

[*10]　そうなのだ．言い忘れたが著者らは全然圏論の専門家ではないのである．それどころか，著者のひとりは数学者のつもりだが，本来の専門が何だったのかもよくわからなくなってきた．もうひとりの著者は数学者ですらない．

そうであれば，現代において数学を学ぼうとするものが（素朴）圏論を習得しない手はないではないか．ところでどのような枠組みも，「何かの目的」のために使おうとしてはじめて身につくものである．さて，ではどんな目的を立てるとよいだろうか．著者らはこれにつき何百杯，何千杯もの盃を傾けつつ苦悩した．結論はこうである．「集合論を圏論的に定式化する」ために役立てればいい．こうすれば，どうせ必要になる集合論的な話もついでにできるし，何より圏論の基礎概念を自然に導入する契機もたくさんある．これでいこう．

　こうして，第一巻は「圏論的集合論のすすめ」となったのである．

〈**弁明おわり**〉

　さて，長ったらしい弁明はたぶん誰もが読み飛ばすと思うからここで要約すると，なぜ「線型代数対話」シリーズの第一巻に「圏論的集合論のすすめ」が来るかと言えば

> 「集合圏」を圏論的に定義しようと試みるなかで圏論の基本概念の理解が深まり，
> 圏論の基本概念の理解が深まれば，
> 「もっとも広い意味での線型代数」（数学全体を含む）を自在に探求できるから

ということになる．何と立派な理由であろうか．したがって，これから数学を自在に探求したいすべての人々は本書を読むべきである．そして，それ以外のすべての人々（いや，人間でなくてもいいが）は，経済的な余裕のあるかぎりで本書を購入し，著者らを支

援すべきである.

　なお，すでに繰り返してきたように，「もっとも広い意味での線型代数」は数学よりも広い．主に数学以外への興味を持つ人々を含む広汎な読者のために書いた圏論の入門書として，著者らはすでに『圏論の道案内』(技術評論社) を上梓した．こちらも必要であれば適宜参照してほしい．本シリーズは，この『圏論の道案内』の一部の内容を深め，充実させ，それこそ蛇が地べたを這いずり回るように図式を連ねながら「もっとも広い意味での線型代数」を概観していくものといえる (ただし，『圏論の道案内』とは独立に読むことが可能である．それどころか本書は他のいかなる圏論本とも，というよりはいかなる数学の専門書とも，独立に読むことが可能である).

　ここまで読んでなお，本書をこれ以上読み進めてみようという読者がいたならば，それは希有なことである．本書はそのような読者であるあなたのために書かれたのだ.

2021 年　春

西郷甲矢人・能美十三

目 次

1. いまさら線型代数といわれても

S（西郷）：やあ，相変わらず暇そうな顔をしているな，ははは．

N（能美）：いきなり現れて何を言うか．僕は忙しいんだ．

S：どうせくだらないことだろう．くだらないことで忙しいとは実に
くだらない．恥を知りたまえ．

N：いやいや，死亡率モデルの一つである Lee-Carter モデルの識別
性に関する論文を書いているんだ．

S：ほら見ろ，やはりくだらない[*1]．それがどうだっていうんだ．そん
などうでも良いことはどうでも良いから，いわゆる「理系の大学
生」ならほぼ必ず学ぶ「線型代数」の話をしよう．

N：なんだ，藪から棒に．君の大学での講義内容でも雑誌に書くの
か？[*2]

[*1] もちろん西郷は，Lee-Carter モデルの識別性のことなど，何も知らない．

[*2] 筆者（西郷）は，大学において生物系の学生を対象に授業を行っている．なお，
機会のあるごとに注意しておきたいことだが，「生物系の学生」とは「生物学を学
ぶ学生」という意味であって，「アンドロイドでない生身の学生」という意味では
ない．だがこの注は「生物学を学ぶ学生はアンドロイドではない」ということを主
張するものではない．

S：そのものではないがね．線型代数が持つ「オトナの算数」として
　　の側面に焦点を合わせて話していければと思っている．

N：なんだその「オトナの算数」って？

S：算数自体が持つ数学や科学全体に対する役割を，線型代数[3] も
　　また担っている，というのがまず一点目だ．そして，より内容に
　　踏み込んでいうなら，算数がもっぱら各種の量をバラバラに扱う
　　のに対して，線型代数では「複数の量」を「組」にして一挙に扱
　　う，という点がある[4]．この「線型代数＝オトナの算数」という見
　　方・考え方について，「インティメートな，もっとプリミティブな，
　　遠慮や気兼ねのない，きやすい感じ」[5] で慌てずさわがず，しゃ
　　べくりながら進めたいと考えている．酒でも飲みながら．ほら，
　　君の好きな「純米吟醸　長濱」を持ってきたぞ．うちの学生たち
　　も酒造りに関わらせてもらっているあの酒だ．

N：ほう，酒が飲めるのか．それならそうと早く言いなさい．論文
　　などいつでも書けるが，今ここにある酒は今しか飲めないからな．

S：なんだ君，なかなか良いことを言うじゃないか．まったくその通
　　りだな．まあとりあえず，最初は，「量とは？」「組とは？」という
　　ようなところから始めようか．で，そういうことを考えているう
　　ち，自然に「圏論」の枠組みで整理するのがよかろうというアイデ
　　アが生まれたので，そのあたりからいこう．とはいっても，代数

---

[3] さっきから「線型代数」の説明をまったくしていないが，おいおい語っていくこ
　　とにしよう．ただし，通常考えられている範囲よりは広い意味で「線型代数」とい
　　う言葉を使いたいと思う．

[4] もちろん，「代数」らしく，たとえば方程式という考えもあるが，簡単な方程式は
　　広義の算数の一部と考えておこう．

[5] 小津安二郎監督『お茶漬の味』

一辺倒でいくわけではなく，解析や，他の諸科学への応用も盛り
込んでいきたいとは思っている．

N：最初にごちゃごちゃ言っても仕方がない．ともかく，慌てずさわ
がずいこう．

2．圏論の方へ

S：難しい話はとりあえずおくとして，実用上「離散量」と「連続量」
という観点はやはり大事だろう．

N：君のいう「離散量」というのは個数のように「数えられる」量，
また「連続量」というのは体積や質量のように「測られる」量のこ
とか？

S：そうだ．この二つは相互に関係しあっていて，離散量は連続量
に包み込まれるし，また逆に連続量は離散量を通じて理解できる．
まずは離散量からいってみようか．

N：離散量は「数えられる」量だから，要するに「自然数」を考えれ
ばいいのだろう？

S：確かにまあ，普通は「むかしむかしあるところに自然数というの
があって」というところから始まるのだろうけれど，もっとこう，
おはじきとかりんごの「多さ」とでもいうべきものを，より直接に
モデル化するほうがより根源的なのではないかとと私は思う．そ
うなると当然，いわゆる「有限集合」を考えていくことになるだ
ろう．もちろん「有限」ってなんだろう，そして「集合」ってなん
だろう，ということになるわけだが，それはおいおい考えるとし

て，まずは気楽にいこう．

N： とりあえず，袋の中のミカンの集まりあたりをイメージしておけ
ばいいのか．

S：「有限」というからには，袋の中に何個あるか，ということが「数
えられる」わけだけれど，今は自然数など知らないもっと「プリミ
ティブな」立場で議論しているのだから，「まだ数えられない」こ
とにしておこう．まあ，あまりに頑張るのも我々の趣旨に反する
ので，「ただひとつある」とか「ひとつもない」とか，その程度は
知っているとしようか．そのうえでここに袋 X と袋 Y があって，
入っているものの個数を数えることなく直接比べようとすると，
中身を「一対一対応」させてどちらが先になくなるかを調べていく
ことになるだろう．

N： なるほど．「集合間の比較」という問題では，これらの間の「対
応付け」が基本となってくるわけか．

S： そうだ．集合 X の要素たちを集合 Y の要素たちへと対応づける
対応 f が「写像」あるいは「関数」であるというのは，

> 集合 X の各要素に対して，Y の要素がひとつずつ
> 対応する．ただし同じ Y の要素に対応する X の
> 要素は一つでなくても良い

ということだが，逆向きの対応，つまり Y の各要素に対して，「f
によってその要素に対応してくる X の要素」を対応させる対応も
また写像となる場合が「一対一対応」ということになる．

N： 要するに，「だぶりなくもれなく」対応させる写像としての「一対
一対応」があれば，「個数が同じ」という概念が，「個数」の概念を前
提とすることなく得られるのだな．

S：そうだ．実は，この考えのもとに有限とは限らない集合の「算数」を考え始めたのがカントールの集合論であり，現代数学の大きな土台となった．この偉大な例に限らず，数学的な営みというのはほとんどの場合，写像をはじめとする「対応付け」の構成だ．むしろ写像などの「対応付け」そのものが数学の主役なのではないか？と考えはじめるようになれば，それが「圏論」への第一歩だ．

N：「対応付けられるもの」よりもむしろ「対応付けること」，プロセスのほうに重点を置くということか．

S：そうだ．写像，対応付け，あるいはより一般なプロセスといったもののほうを「基本語彙」にして数理の世界を見直すのが圏論だ．もはやここでは，「矢印」は写像ですらなくてよく「合成」という「矢印のつなぎ合わせ」が適切に定められていさえすればなんでもよい．このように抽象的で一般的な「矢印」を圏論では「射」と呼んでいる．射によってによって結ばれているのが「対象」だ．そして対象は，射のネットワークすなわち「圏」の中でこそ意味をもつものとなる．スティーブ・アウディも言っているように

It's the arrows that really matter! [6]

というのが，圏論におけるスローガンなわけだ．

3. 圏の定義

N：なるほど．ではまず圏とは何かを話してもらわないといかんな．

S：実例はあとで見るとして，定義を述べておこう．**圏 (Category)** は，**対象 (object)** たちと，**射 (morphism)** たちからなる．

---

[6] Steve Awodey, "Category Theory", Second Edition

N： だからその対象とか射が何かと聞いているんだよ．

S： なんでも良いんだよ．定義を言い終わるまで待ちなさい．「対象」と「射」との間の関係については，まず各射 f [*7] には，二つの対象 $\mathrm{dom}(f)$ と $\mathrm{cod}(f)$ とが対応付けられていて，それぞれ**域 (domain)**，**余域 (codomain)** と呼ばれる．これらは同じものであっても良い．次に，各対象 X には，X を域とし，余域とするような特別な射 1_X が対応付けられており，X の**恒等射 (identity)** と呼ばれる．これがどう「特別」かはあとでわかる．

N： ふん．ともかく「対象」と「射」とは，域，余域の概念を通じて関係しあっているんだな．

S： そういうことだ．「射 f の域が X，余域が Y である」ということを

$$f : X \longrightarrow Y$$

あるいは

$$X \overset{f}{\longrightarrow} Y$$

などと記し，こういった矢印を用いて組み上げられた表記を**図式 (diagram)** と呼ぶ [*8]．矢印の向きはべつに左から右と限る必要もなく，それが便利なら右から左へ書こうと，下から上に書こうと自由だ．

N： X の恒等射 1_X については，$1_X : X \longrightarrow X$ と表されるわけか．

S： そうなるな．さて次に，射 f, g で，$\mathrm{cod}(f) = \mathrm{dom}(g)$ となるもの

[*7] 通常，対象は大文字，射は小文字で表される．その昔，関数は花文字で表され，それが単なる大文字となり，現代では小文字となったわけだが，射はありふれたものなのだというセンスが養われた結果だろうか？

[*8] 後に「関手」としての定義を与える（第 5 話）．

があったとき，つまり

$$Z \xleftarrow{\quad g \quad} Y \xleftarrow{\quad f \quad} X$$

というような状況のとき，これは繋げて書きたくなるのが人の性だが，それは圏論においてちゃんと保障されている．具体的には，こういった f, g に対しては，これらの**合成**（composition）と呼ばれる射

$$Z \xleftarrow{\quad g \circ f \quad} X$$

が存在する．これで役者だけはそろった．

N：まだなにかあるのか？

S：あとはこれらが満たすべき関係だ．とはいっても，ほんの二つだけだが．一つ目は**結合律**（associative law）で，

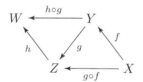

というような状況のとき，X から W へ至る道筋は平行四辺形を上側から行く場合の「$(h \circ g) \circ f$」と下から行く場合の「$h \circ (g \circ f)$」との2種類が考えられるが，これらが射として同じものでなければならないという要請だ．つまり

$$(h \circ g) \circ f = h \circ (g \circ f)$$

ということだ．このように，図式内の対象から対象への道筋，つまり射の合成方法が複数あるときに，結果が選び方によらない場合，その図式は**可換**（commutative）であると呼ばれる．この概念を用いれば，二つ目の関係である**単位律**（identity law）は，任意の射 $f : X \longrightarrow Y$ に対して，図式

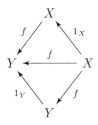

が可換であることを要請するものとして述べられる．つまり

$$f \circ 1_X = f = 1_Y \circ f$$

でなければならないというルールだ．

N：まとめると，圏には「対象」と「射」とが備わっていて，これら
は域，余域の概念を通じて関係しあっており，射には結合律をみ
たす合成という操作があり，対象には単位律をみたす恒等射が紐
付けられている，といったところか．見たところ，「対象と射」は
「集合と写像」そのものだが[*9]，他にも何かあるのか？

S：もちろん集合と写像のなす圏，すなわち「集合圏」というのは重
要な例だし，いろいろ見ていくつもりだが，集合と写像とが基礎
になっているような圏ばかり挙げても面白くないから別の例をひ
とつあげてみよう．「対象」として命題を考え，「射」として証明を
考えれば，これは立派な圏だ．

N：立派でない圏があるのか？

S：面倒な突っ込みを入れるんじゃないよ，まったく．厳密にはいわ
ゆる「証明木」を考えれば「射の合成」もわかりやすいが，まあ命
題 X から Y を導き，その後 Z を導く，というのをまとめて一つ

[*9] 恒等射としてはいわゆる恒等写像 $1_X(x) = x$ をとり，射の合成は写像の合成
$g \circ f(x) = g(f(x))$ で定義する．

の証明と見れば，合成は明らかに定義できるだろう．「X を仮定すると X が導ける」という「アタリマエ」の証明が命題 X に対する恒等射になる．

N：なるほど，相当自由な枠組みなんだな．命題から成る圏があるのなら，当然プログラムたちから成る圏も考えられそうじゃないか．

S：交通や代謝のネットワークを考えてみるのも面白いだろうな．もちろんより数学的な例もそれこそ無限にあるが，それはおいおい話そう．圏の概念は，「掲げた公理をみたすものなら何でも良い」という数学的自由さの発露とでもいうべきものだ．

4. 単射・全射・同型射

N：と言いながらも，どうせ集合圏の話をするんだろう？

S：しばらくはそうしよう．もっといえば，当面は対象として「有限集合」の場合に話を限っても意味の通用する話をする．すなわち，集合圏を有限集合と写像とから成る圏と置き換えても通用する話をするから，さしあたってはそっちで考えてくれてもよい．ともかく，「集合」といえば，ある種の「ものの集まり」であって，要素が主役になっているわけだけれど，集合と写像のなす圏について考えることで，この立場がどのようにして射を主役とする圏論的立場と結び付いているかを明らかにしていきたい．まずは「単射」や「全射」の話をしよう．写像についての「単射」や「全射」は，多くの教科書でも取り上げられていることと思うが，これを一般の圏の射にも適用できる形で定式化したい．

N：写像 $f: X \longrightarrow Y$ が単射だというのは，$f(x) = f(x')$ なら $x = x'$ だといえること，すなわちいわゆる「**中への写像 (injection)**」であることとして定義するのだったな．全射の方は，どんな $y \in Y$ に対しても $x \in X$ で $f(x) = y$ となるようなものが存在すること，つまり「**上への写像 (surjection)**」として定義するのが普通だろうな．

S：もちろん写像に関してはそういう定義で何の問題もないのだが，「要素」に依存した記述になっているところをなんとかしたい．すべてを射から考えたいので，一般の圏における「単射」や「全射」は，集合間の写像に関しては同値となるが，より一般的なかたちで定義されることになる．まず，「単射」からいこう．ある圏における射 $f: X \longrightarrow Y$ がその圏において**単射 (monomorphism)** であるとは，射 $g, h: Z \longrightarrow X$ に対して，$f \circ g = f \circ h$ をみたすなら $g = h$ となるときにいう[*10]．

N：確かに要素の話は出てこず，射しか現れていないな．しかし，見比べると「f が外せる」ということしか一致していないようだが，大丈夫なのか？

S：ああ，これらは集合と写像の圏では同値だから問題ない．実際，

[*10] なお，あくまで一般の圏での定義であることを強調するため，単射という代わりに日本語の文章でも「モノ」(mono) とか「モニック」(monic) という人が多い．しかし「モノモルフィズム」の直訳こそ「単射」なのだから，いさぎよく単射ということにする．

中への写像が単射なことは簡単に示せる[*11] から，逆を示そう．重要なアイデアは，どんな集合 X に対しても，ただひとつの要素のみからなる集合 $\{a\}$ を任意にとってきたとき，$x \in X$ を定めるごとに，$\{a\}$ から X への写像 $\{a\} \ni a \longmapsto x$ が考えられるということだ．こういったものは同一視してしまって同じ記号で書いてしまおう，と行きたいところだが，まあ最初のうちはおとなしく，対応する写像を $\bar{x}$ とでも書いておこう[*12]．

N：「その要素を指差す」写像だな．

S：そういうことだ．何だか楽しげでいいだろう．さて，$x_1, x_2 \in X$ に対して $f(x_1) = f(x_2)$ と仮定する．対応する写像 $\bar{x_1}, \bar{x_2} : \{a\} \longrightarrow X$ を考えると

$$f \circ \bar{x_1}(a) = f(\bar{x_1}(a)) = f(x_1)$$
$$f \circ \bar{x_2}(a) = f(\bar{x_2}(a)) = f(x_2)$$

だから，$f \circ \bar{x_1}$ と $f \circ \bar{x_2}$ とは射 $\{a\} \longrightarrow Y$ として等しい．f が単射なら，これは $\bar{x_1}$ と $\bar{x_2}$ とが射 $\{a\} \longrightarrow X$ として等しいことを意味し，

$$x_1 = \bar{x_1}(a) = \bar{x_2}(a) = x_2$$

であることがわかる．よって f は中への写像だ．ところでさっき君は「f が外せる」と言っていたが，今のように左側の f が外せる

[*11] f が中への写像なら
$$f \circ g = f \circ h \Longrightarrow f(g(z)) = f(h(z)), \ \forall z \in Z$$
$$\Longrightarrow g(z) = h(z), \ \forall z \in Z$$
$$\Longrightarrow g = h$$
となるので，これは単射である．最後の「すべての $z \in Z$ に対して $g(z) = h(z)$ であるならば $g = h$ である」という部分は「well-pointed」と呼ばれる性質で，集合圏の根幹を成すものである．後に第 9 話で詳しく見ていく．

[*12] つまり，写像 $\bar{x} : \{a\} \longrightarrow X$ を $\bar{x}(a) = x$ で定める．

という状況を**左簡約可能 (left cancellable)** と呼ぶ．つまり単射とは左簡約可能な射のことだ．「左」が出ているのだから当然「右」についても考えたくなるが，**右簡約可能 (right cancellable)** な射は**全射 (epimorphism)** と呼ばれる[*13]．

N：つまり，射 $f: X \longrightarrow Y$ が全射であるとは，2 つの任意の射 $g, h: Y \longrightarrow Z$ に対して，$g \circ f = h \circ f$ をみたすなら $g = h$ となるときにいう，ということか．

S：この場合でも，上への写像が全射であることはすぐ示せる[*14]から，逆を示そう．全射であることの定義を見れば，X が影響する範囲で一致していれば，それが Y 全体での一致を保証すると読み取れる．そこで Y から 2 点集合 $\{T, F\}$ への写像 g を

$$g(y) = \begin{cases} T & y \in f(X) \\ F & y \notin f(X) \end{cases}$$

で定め[*15]，h は，任意の $y \in Y$ に対して $h(y) = T$ なるものとしよう．任意の $x \in X$ に対して

$$g \circ f(x) = T = h \circ f(x)$$

だから，f が全射なら $g = h$ だ．これは任意の $y \in Y$ について $y \in f(X)$ であることを意味するから，f は上への写像だとわかる．

[*13] 「エピ」(epi) や「エピック」(epic) という語も用いられる．

[*14] f が上への写像なら，$y \in Y$ を任意にとったとき，$x \in X$ で $y = f(x)$ なるものが存在するから，$g \circ f = h \circ f$ なら

$$g(y) = g \circ f(x) = h \circ f(x) = h(y)$$

となる．y は任意に選んだものだったから，$g = h$ である．

[*15] ふたつ要素があれば何でもよい．ここで T や F を使ったのは，True（真）や False（偽）の意味で，g は「はい／いいえ」で応えられる「質問」，すなわち，Y の要素たちのそれぞれが満たす（もしくは満たさない）数学的な「性質」に対応する．

N：これで「一対一対応」，すなわち全射かつ単射である「全単射」
を考えられることになるな．

S：まあそうなのだが，ちょっと注意が必要だ．まず集合間の写像
としての「全単射」は「全射かつ単射」と定義されていた．いっ
ぽう，個数の比較の文脈における「一対一対応」の役割を一般
の圏において果たすのは**同型射**（**isomorphism**）で，これは射
$f : X \longrightarrow Y$ で，図式

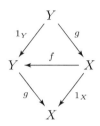

を可換にする射 $g : Y \longrightarrow X$ が存在するようなもののことだ．式に
すれば

$$g \circ f = 1_X, \quad f \circ g = 1_Y$$

というような条件となる．このとき X と Y とは**同型**（**isomorphic**）
であるといい，$X \cong Y$ と書く．こういった g は各 f に対してただ
ひとつ定まる[*16]から f^{-1} と書き，f の**逆射**（**inverse**）と呼ぶ．逆射
が存在することにより，同型射は左右どちらからでも簡約可能と
なるから，これは単射であり，かつ全射な射だ．

N：集合間の写像としての全単射にも逆写像が存在するから，これ
は同型射なんじゃないのか？つまり，単射で全射なら同型射なの

[*16] 他に射 h が同じ条件をみたすものとすると
$$h = h \circ 1_Y = h \circ (f \circ g) = (h \circ f) \circ g = 1_X \circ g = g$$
となる．

では？

S：集合圏はもちろん，「線型代数」にかかわる多くの圏においてその主張は正しい．だが，一般の圏では，そうとは限らないのだ[*17].

N：そんなものか．まあ，そもそも「簡約可能」と「逆がある」とはずいぶん違うものだから当然な気もする．小学校ではマイナスの数は習わないから，「2 を足す」写像に逆は考えられないが，もちろん簡約可能だものな．

5. 選択公理

S：実は，この「簡約可能」と「逆がある」の間隙にある種の橋渡しをするのが，いわゆる「選択公理」だ．良い機会だから，これについて話しておきたい．上への写像 $f : X \longrightarrow Y$ がここにあるとしよう．各 $y \in Y$ に対してその f による逆像すなわち集合 $\{x \in X \mid f(x) = y\}$ にはいくつあるかはともかくとして要素は存在する．

N：それが上への写像であることの定義だからな．

S：そうすると，y を定めるごとに，その逆像から「なんでも良いから要素をひとつだけ選ぶ」という操作が考えられる．これを s としよう．

N：なるほど，"Sentaku" の "s" か．

[*17] たとえば「環」の圏においては，整数環から有理数体への「包含写像」（すなわち各整数を，有理数とみなす写像）を考えると，これはこの圏における単射であるばかりか全射でもある（！）のだが（もちろん「上への写像」では決してない），同型射ではないのである．

S：そんなわけないだろう．s で選んだ元は y の逆像に含まれるのだから，これを f で写すと，y に戻る．つまり $f \circ s = 1_Y$ ということだ．

N：ほう．それがどうかしたのか．

S：まあ，有限集合だけを相手にしている場合，君がそのように気の抜けた反応をしてしまうのも無理はない．問題は，こういった s がどういう状況なら存在するかということだ．たとえば今のような非常に限られた設定であっても，「なんでも良いからひとつ選ぶ」ということの自由さによって，なかなか面倒な操作になっていることがわかるだろう．y を選ぶごとに，逆像の中からひとつ選ばなければいけないんだから．それにその選び方は一通りでないから，もちろん s もビシッとひとつに決まるわけでもない．

N：そのようだな．たとえば X に順序があらかじめ入っていれば，「一番小さなものを選ぶ」とかで自動的に選べるが，何も基準がないのではな．

S：こういった s は **切断**（section）と呼ばれる[*18]．さて，切断は，要するに「右逆」，すなわち右から合成すると単位元となる射なわけだから，切断が存在する射は右簡約可能，すなわち全射だ．問題は「全射なら切断が存在するか？」ということになる．「集合圏においては Yes だ」というのが集合論における「選択公理」だ．

N：ほう，「選択公理」と聞くと，「なんだか怪しいもの」という印象があるが，こう定式化されると当然のようにも聞こえるな．

S：「何らかの形での選択公理を認めないと，ほとんどの数学はどこ

[*18] 独特な語感だが，この場でニュアンスを説明するのは難しいから，ここでは単なる「名前」と思ってもらえればよい．

かで無理を背負い込むことになるから，いやだけど認めよう」という感じの数学関係者が多いのだが，私はむしろ「なんでもよいからひとつ選ぶ」というこの感じが，ガチガチしていなくて好きだ．「恣意的な選択」によらずビシッと決まることを「カノニカル」(canonical) だとか「規準的」だとかといい，みんな大好きなのだが，カノニカルだけで数学ができるわけでもなかろう．

N： 虚数 i の定義にしたところで，あれを $-i$ に「してもよかった」わけだが，どっちも選べないと言っていたら，話が進まないからな．

S： むしろそういう「曖昧さ」を含むからこそ楽しい部分もあると私などは思うがね．しかもその「曖昧さ」が，「右簡約可能」と「右逆が存在」との間隙できれいに表現されるのは，実に面白いことではないか．量子論を思えば，自然だってきっとノンカノニカル，つまり非規準的な選択 (non-canonical choices) の連続からなっているに違いないのだし[19].

N： 実に行き当たりばったりの人生選択をしている君らしい言葉だな．ところで，ここまで集合と写像のなす圏を具体例として，一般の圏に通用する諸概念を「要素の代わりに射を使おう」という方針のもとに整理してきたわけだが，たとえば「単射」と「中への写像」を関係付けるにあたっては，「1点集合」というような概念にもとづく必要があったな．

S： おや，君，ちゃんと話を聞いていたのか．まさにその通りだ．

N： 集合圏は「具体例」に過ぎないのだから，「1点集合」のような概

---

[19] ここでいう「非規準的選択」のより豊かな含意については，西郷甲矢人・田口茂 (2019)『現実とは何か—数学・哲学から始まる世界像の転換』(筑摩書房) を参照のこと．

念を持ち込んでも不当というわけではないが，どうせなら「ただひとつの要素をもつ」といった性質を「要素の代わりに射を使って」表現できないのか．

S：君のその疑問に答える圏論的な概念が「終対象」だ．どのような圏でも存在するというわけではないが，集合圏において「1 点集合」が果たした役割を果たす．次回は，このあたりから話をはじめようか．

N：まだ自然数すらちゃんと登場していないが，大丈夫なのか．なんだか脇道にそれて，雑談ばかり展開しているような気がするが．

S：人聞きの悪い．いかに雑談といえども，「一字一句の裏^{うち}に宇宙の一大哲理を包含するは無論の事，その一字一句が層々連続すると首尾相応じ前後相照らして，瑣談繊話^{さだんせんわ}と思ってうっかりと読んでいたものが忽然豹変^{こつぜんひょうへん}して容易ならざる法語となるんだから，決して寐ころんだり，足を出して五行ごと一度に読むのだなどという無礼を演じてはいけない．柳宗元^{りゅうそうげん}は韓退之^{かんたいし}の文を読むごとに薔薇の水で手を清めたという位だから，吾輩の文に対してもせめて自腹で雑誌を買って来て，友人の御余りを借りて間に合わすという不始末だけはない事に致したい[20]．」

---

[20] 夏目漱石「吾輩は猫である」より

第**2**話

1. 終対象，要素，部分

S：ではまずは前回の復習といこうか．

N：待ちたまえ，まだ酒が来ていないではないか．

S：なんだ君は．酒がないと数学の話ができないのか．

N：君こそなんだ．酒がなくても数学の話ができるとでも言うのか．

S：なんと愚かしいことを．そんなことは言っていない．単なる確認だよ．お，丁度来たではないか，素晴らしい．これは琵琶湖のほとり，堅田の銘酒「浪乃音」だ．冷もよいし，また燗も格別なのだ．さて，前回我々は線型代数が扱う「量」とは何かについて考えるための枠組みとして，集合を参照しながら**圏**を導入したのだった．

N：圏とは**対象**と**射**とからなっているある種のシステムで，これらを繋ぐ概念として**域**，**余域**があるのだったな．そして射には**結合律**をみたす**合成**という操作があって，対象には**単位律**をみたす**恒等射**という特別な射が紐付けられているということだった．

S：これらはもちろん，集合とその間の写像を強くイメージさせるものだけれど，それに限らず命題と証明とから成る，トートロジーを恒等射とした「命題の圏」だとか，交通，代謝などのネット

ワークだとか，様々な応用先の考えられる概念だ．

N：トートロジーというと，「ニーチェが深淵を覗くとき，ニーチェは深淵を覗いている」というようなやつだな．

S：なんだその例は．まあとにかく前回は，圏論が「要素でなく射を使っていこう」という考えでやっていく上で，要素に基づいた概念をちゃんと取り扱っていけるのか，という疑問を残して終わったのだった．予告しておいたように，「1 点集合」の果たす役割を担う「終対象」を定義しよう．対象 T が**終対象**（terminal object）であるとは，どんな対象 A からでも T への射がただひとつ存在するときにいう．このただひとつの射に名前を付けて $!_A$ と記すことにしよう．

N：集合の例でいくと，1 点集合 $\{x\}$ を好きにとってくれば，集合 A からの写像を，どんな $a \in A$ もつねに x に写すものとすれば良いわけか．だが君，一口に 1 点集合と言っても，その取り方は無数にあるぞ．

S：その通りだ．しかしどんな 1 点集合をとってきても，それは他の 1 点集合に同型だというのがポイントだ．射を使っていく上で，互いに同型な対象間の違いは問題にならない．実際，同型 $f : Y \longrightarrow X$ を考えると，X から他の対象 Z への射 g は，つねに $g \circ f$ という形で Y から Z への射として翻訳される．というわけで，複数あってもそれらが同型であれば一つしかないようなものだ，という考え方が圏論ではなされる．このことを「**同型を同一視すれば一意**（unique up to isomorphism）」と言い表す．

N：なるほど．ということは集合の圏では，1 点集合は同型を同一視すれば一意に定まって，これが終対象ということになるわけだな．

S：匿名性を持たせて $\{*\}$ とでも書いておこうか．どんな圏でも終対象が存在するというわけではないが，重要なことは，集合の圏での状況と同じく一般の圏においても，終対象は存在するならば，同型を同一視すれば一意に定まるということだ．

> **定理1** 終対象は存在するならば，同型を同一視すれば一意である．

この証明は，圏論でよく使われるやり方が用いられるから丁寧に見ていこう．まず2つの終対象 T, T' が存在すると仮定する．言いたいのはこれらが同型であるということだ．T が終対象なのだから T' から T への射は $!_{T'}$ のみだ．同様に T から T' への射は $!_T$ のみで，まとめると

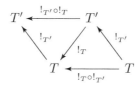

という図式が得られる．合成により射 $!_T \circ !_{T'} : T \longrightarrow T$ が得られているが，そもそも T からそれ自身への射としては恒等射 1_T があった．そして T が終対象であることから，射 $T \longrightarrow T$ は一つしかない．ということで

$$!_T \circ !_{T'} = 1_T$$

でなければならない．同様に $!_{T'} \circ !_T = 1_{T'}$ だから，T と T' とは同型だ．ということで，終対象は同型を同一視すれば一つしかないから，特別に 1 と表すことにしよう．

N：ふうむ，なんだか狐につつまれたような感じだな．ふわっとして

いてどうにもうさんくさい.

S：変な慣用表現を作ろうとするんじゃない. まあそのうち慣れるだろう. ところで，適用範囲の広さや「同型を同一視すれば一意」という考え方から，「圏論は抽象的なものだ」というようなことがよく言われるが，圏論の本質は「射の取り方を調整することで同型の概念が自然に調整される」ということにあり，簡単にいえば「抽象度合いを自由に変えられる」ことにあるように思う.

N：その言い方自身が非常に抽象的でピンとこないのだが.

S：要するに，「どんな射を射として考えているのか？」を変えるごとに，ふたつの対象が同型となったり，そうでなくなったりするのだ. 極端な話，集合を対象とした圏で，恒等写像しか射と認めないような偏狭なものを考えれば，異なる集合同士は1点集合同士ですら互いに同型ではないということになる.

N：逆に言えば，一般の写像を射とすることにより，集合圏はずいぶんと緩やかな「同型」を許しているということになるな.

S：そうだ.「全然同じとはいえない」ものが，ある圏においては同型になるのはよくある話だ. 直線と平面とはずいぶんと違ったものだが，直線上の点集合と平面上の点集合との間には一対一対応が作れる，したがって集合圏においては同型となるわけだ. しかし，たとえば直線や平面の空間的構造を表す「位相構造」に着目し，これを保つような写像である「連続写像」のみを考えるならば，もはや同型でなくなる. つまり圏を定めるごとに，そこでの同型の概念，つまり「本質的な同じさ」が自然に定まるというわけだ.

N：だからこそ「同型を同一視すれば一意」というのは圏において核心的なことなのだな.「本質的に一つに定まる」ということだから.

S：その通りだ．さていよいよ，この「同型を同一視すれば一意」な終対象を用いて，「要素」を圏論的に定義することにしよう．前回，集合の圏における単射が中への写像であることをいうために，「要素を指差す」写像を定義したが，このアイデアをそのまま用いて，終対象から対象 A への射 $a:1 \longrightarrow A$ を A の **要素**（element）と呼ぶことにしよう．要素が定められれば，部分集合についての類推もできる．

N：集合論では，「$x \in A$ なら $x \in B$」が成り立つときに，A は B の部分集合だといっていたが，そのまま言い換えれば，「射 $x:1 \longrightarrow A$ が存在すれば射 $x:1 \longrightarrow B$ が存在する」といったところか．いや余域が異なるから，同じ x を用いるのはまずいな．

S：まあそうだな．ここはひとつ「射 $1 \longrightarrow A$ が存在すれば射 $1 \longrightarrow B$ が存在する」と読み替えてしまおう．これには射 $f:A \longrightarrow B$ があれば良いだろう．この場合，x が A の要素なら合成 $f \circ x$ が B の要素となる．ただこれだけでは不充分で，x, y が A の要素として $x \neq y$ なら，当然 B の要素としても $f \circ x \neq f \circ y$ であってほしい．

N：ほう，そうか．

S：なんだその気の抜けた返事は．ちゃんと「あ，これは前回やったところじゃないか」と言ってもらわないと円滑に進行しないじゃないか．

N：はあ，なるほどなあ．確かに前回やったところのようだな．この条件は，f が単射であることを要請するものだな．

S：ということでこれを部分集合の対応物にしよう．ここでも対象そのものよりは射を主役にして，単射 $A \longrightarrow B$ を B の**部分**(**part**)と呼ぶ．集合 A, B に対して，A が B の部分集合であるとき，「包含写像」$\iota: A \longrightarrow B$ を，$\iota(x) = x$ として定義すれば [*1]，これはもちろん中への写像であり，よって単射なのだから，そう突飛な考え方ではないだろう．

N：要するに，単射 $A \longrightarrow B$ は，「A を B の一部として位置付けること」を意味するわけだな．「一部」と「全体」とが，対等でありながら包含関係にあるという感じで面白いな．

S：まあ，そういうことだ．「部分集合」の対応物が射だという考えになじめない場合には，「B に位置付けられた A」とでも考えるとよいだろう．「位置付け方」としての単射が定まってはじめて「部分」の概念が定まることさえ忘れなければ，域である A を指して「部分 A」といった類の言い方をしてもバチは当たるまい．

N：わきまえたうえで気楽にいこう，ということだな．

2. 積

S：さあ，だんだん圏論的な考え方にも馴染んできただろうから，いよいよ「組」の話に移ろう．線型代数では複数の量を扱う際，一つ一つを別個に扱うのではなく一組にして一挙に扱うが，この「組」やその全体を圏論的にとらえなおしたい．

[*1]　つまり ι とは，「A の要素としての x」を「B の要素としての $x\,(=\iota(x))$」として「見直す」写像．

N： 集合では「組」の全体は集合の**直積 (direct product)** として定義
されていたな．集合 A, B の直積 $A \times B$ は

$$A \times B := \{(a, b) \mid a \in A,\ b \in B\}$$

だった．射で表すと

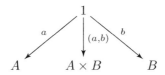

というところか．

S： 良いじゃないか．ただこのままでは 3 つの射の間の関係性が記述
されていない．たとえば空を飛ぶ鳥の動きは，地面に落ちる影の
動きと高さ方向の動きとから復元できるだろう．積というのはこ
ういった状況を表現する枠組みなのだ．「各成分への分解」があり，
その分解を通じて情報が復元できる，ということが大切だ．とい
うことでまずはこの「各成分への分解」がほしい．$A \times B$ から A へ
の射 π^1, B への射 π^2 を

$$\pi^1((a, b)) = a$$
$$\pi^2((a, b)) = b \qquad a \in A,\ b \in B$$

で定義しよう．

N： となると次の図式が可換であれば良いな：

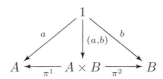

S： これで射を用いた集合の直積についての表現が得られたから，圏
での積を考える上での大体の方向性がわかった．まず「各成分へ

の分解」が本質で，これは

$$A \longleftarrow X \longrightarrow B$$

という形の図式によって表される．ところがこれで良いかというとそうではなく，たとえば X として終対象 1 を持ってくると，この図式は単に A, B の要素を定める図式となってしまう．ということで，この形の図式はいろいろあるけれど，その中で特別なものであってほしい．先程の集合の場合の図式を見直すと 1 から $A \times B$ への射がただひとつあったから，「別の対象からつねにただひとつ射があること」として，この「特別さ」を定義しよう．この「ただひとつある」というところが，「分解を通じて情報が復元できる」にあたる．

N：要は，「そういった形の図式の成す圏」における終対象を考えればよいということだな．

S：なんだ急に察しが良くなって．あっ，私の分の酒まで飲んでしまったのか．けしからん奴だなあ．

N：まあまあ，注文しておくから，「そういった形の図式の成す圏」について解説しておいてくれ．なんとなくで言ってみただけだから．

S：まったく．しかし，「そういった形の図式の成す圏」の概念をとらえるのは慣れないとけっこう難しいので，ゆっくり説明していこう．まず言っておかなければならないのは，この圏は「元の圏から構成される圏ではあるが，元の圏とは違うものだ」ということだ．そもそも，この圏の対象からして，元の圏の対象ではない．

N：元の圏の対象ではなく，元の圏における「図式」が対象となるんだな．

S：その通りだ．より具体的にいうならば，この圏の対象は，元の圏

から選ばれた対象 A, B を「両端にもつ」，$A \longleftarrow \cdot \longrightarrow B$ の形をした図式だ．もちろんこのふたつの射たちは元の圏の射であり，「$\cdot$」はその共通の域となっていさえすればなんでもよい．

N：では，射はどうやって定義するんだ．

S：：いま言おうとしていたところだ．「$\cdot$」として X を採用した対象 $A \xleftarrow{a} X \xrightarrow{b} B$ から X' を採用した対象 $A \xleftarrow{a'} X' \xrightarrow{b'} B$ への射は，元の圏における射 $X \xrightarrow{f} X'$ で，

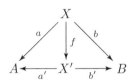

を可換にするものとする．あるいは $X \xrightarrow{f} X'$ を含めた図式そのものと考えても良い．

N：対象が図式だから，そこに含まれている関係性を保存するような射のみを採用するんだな．それで，「そういった形の図式の成す圏」の終対象を考える，と．

S：まあその前に，後でこの種の「終対象」には度々再訪することになるから，ちゃんと名前を付けておこう．詳しい定義は後に回すが[*2]，「何らかの種類の図式とその図式に含まれる関係性を保つ射とから成る圏」の終対象を**極限（limit）**と呼ぶ．元の図式が有限なら[*3]，特に**有限極限（finite limit）**と呼ぶ．そしていよいよ積についてだが，$A \longleftarrow \cdot \longrightarrow B$ の形をした図式の圏の終対象を A, B の**積（product）**と呼ぶ．終対象だから，これは存在するなら同型を同

[*2] 第 7 話参照．

[*3] 現れる対象，射が有限個ということ．

一視すれば一意であり，

$$A \xleftarrow{\pi^1_{A,B}} A \times B \xrightarrow{\pi^2_{A,B}} B$$

のように書くことにする．この定義では積とは図式のことだが，対象 $A \times B$ のこともまた積と呼ぶことが多い．また，射 $\pi^1_{A,B}, \pi^2_{A,B}$ について，誤解のおそれがない場合は下付きの添え字を省いて単に π^1, π^2 と書く．圏の任意の対象 A, B に対して積 $A \times B$ が存在する場合，この圏は積を持つという．他の極限に対しても同様の言葉遣いをする．

N：「図式のなす圏」を表に出さずに言い換えると，A, B の積とは図式 $A \xleftarrow{\pi^1} A \times B \xrightarrow{\pi^2} B$ で，他にこの形の図式 $A \xleftarrow{f_1} X \xrightarrow{f_2} B$ が存在したときには図式

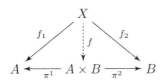

を可換にする射 $f : X \longrightarrow A \times B$ がただひとつ存在するようなもの，といったところだな．

S： もっとしっかりとした定義付けは後で行う[*4]が，こういう風に，何らかの条件をみたす射が一意に存在するという性質を**普遍性**（**universal property**）と呼ぶ．

N： 積の普遍性がもたらす影響は，要は，A, B を余域とする X からの射があれば，それらはつねに $A \times B$ を経由させたもの「$f_i = \pi^i \circ f$」になってしまうということか．

[*4] 第 7 話参照．

S：昔まだ携帯電話というものが普及していなかったころ，好きな子に連絡を取るためには一度固定電話で相手の家族を通じてしか連絡できなかったことを思い出すな．

N：いや別に．

3. 解
イコライザ

S：そうか．まあ，君の暗く淀んだ青春時代についてはおいておくとして，有限極限の典型例をもうひとつ見ておこう．それは「方程式の解」の概念を圏論的にとらえなおしたものだ．方程式の解といっても，ここでは非常に一般的なことを言っていて，「（左辺）＝（右辺）」といったタイプの関係性をみたすものと思ってほしい．「二つの構成が一致する」といった種類の条件をみたすものたちの全体ということだ．

N：つまり，「$a \in A$ で $f(a) = g(a)$ なるものを見出せ」という問題を考えれば良いわけか？ 解の集合を高校数学風に書けば
$$\{a \in A \mid f(a) = g(a)\}$$
となるが．

S：これを $A_{f,g}$ と書いて，包含写像 $A_{f,g} \longrightarrow A$ を $\iota_{f,g}$ と書こう．重要な点は 2 つあって，一つ目は $a \in A$ で $f(a) = g(a)$ をみたすようなものは $A_{f,g} \longrightarrow A$ の要素だということだ．

N：まあ，それはそのように定義したのだからそうだろう．

S：とはいえ圏論的に言おうとすると，部分のときと同様，余域が異なるから同じ a を用いるのは不適当だ．そこで「$\overline{a} \in A_{f,g}$ で

$$1 \xrightarrow{\bar{a}} A_{f,g} \xrightarrow[\iota_{f,g}]{} A \quad \xrightarrow{a}$$

をみたすものが存在する」と考える．包含写像は単射だから，こ
ういった $\bar{a}$ はただ一つに定まる．

N： もし他に $\bar{a}'$ が $a = \iota_{f,g}(\bar{a}')$ をみたしていれば，$\iota_{f,g}(\bar{a}) = \iota_{f,g}(\bar{a}')$
ということで，単射性から $\bar{a} = \bar{a}'$ がいえるからな．

S： 二つ目は，任意の $\bar{a} \in A_{f,g}$ に対して
$$f \circ \iota_{f,g}(\bar{a}) = g \circ \iota_{f,g}(\bar{a})$$
であることから，写像として $f \circ \iota_{f,g} = g \circ \iota_{f,g}$ であるということ
だ．言い換えれば，図式
$$A_{f,g} \xrightarrow{\iota_{f,g}} A \underset{g}{\overset{f}{\rightrightarrows}} B$$
が可換だということだ．

N： なんだ？「$A \underset{g}{\overset{f}{\rightrightarrows}} B$」なんていう表記もできるのか？ それに三角
形も四角形もでてきていないのに，この図式が可換というのはど
ういう意味だ？

S： この表記は単に f, g をまとめたものだ．そして，そもそも図式
が可換というのは「合成の結果が辿る道筋によらない」ということ
だったから，$A_{f,g}$ から B に行くのに，$A \longrightarrow B$ として f を選んで
も g を選んでも同じということ，つまり $f \circ \iota_{f,g} = g \circ \iota_{f,g}$ である
ことを意味するわけだ．さて圏論における対応物を考えるために，
積の場合と同じく，まず解の本質を表している図式を考えると，
$A \underset{g}{\overset{f}{\rightrightarrows}} B$ が与えられたときに $X \xrightarrow{x} A$ で

$$X \xrightarrow{x} A \underset{g}{\overset{f}{\rightrightarrows}} B$$

を可換にするものと言えそうだ．ということで，この形の図式の極限を f, g の**解（equalizer）**と呼んで $A_{f,g} \xrightarrow{\iota_{f,g}} A$ と書く．これも当然，同型を同一視すれば一意だ．"equalizer" は普通「等化子」と訳されるが，いかにもテクニカルな感じで馴染みにくい．そこで我々は「解」と書いて「イコライザ」と読むことにする．解（イコライザ），どうだ格好良いだろう．

N：かなり無理のある読みだなあ．まあそれはともかく定義を言い換えておくと $X \xrightarrow{x} A$ で

$$X \xrightarrow{x} A \underset{g}{\overset{f}{\rightrightarrows}} B$$

を可換にするものに対して，射 $X \xrightarrow{\bar{x}} A_{f,g}$ で

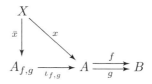

を可換にするものがただ一つ存在する，ということか．

S：これが解（イコライザ）の普遍性ということだ．

N：ところで，さっきの積の場合でもそうだが，集合での要素を基にした図式と圏論での定義に用いる図式とを見比べると，「1 点集合」が「任意の対象 X」に置き換わっているだけのようだが．

S：これは，圏論の議論のいくつかが集合論における議論によってカバーされ得ることを示唆している．射 $1 \to A$ を A の要素と呼んでいたことを踏まえて，A を余域とする射を A の**一般要素（generalized element）**と呼ぼう．こうすると，たとえば集合論で

の中への写像が

> 写像 $f: A \longrightarrow B$ で，A の任意の要素 x, y に対し
> て $f(x) = f(y)$ なら $x = y$ であるようなもの

とされていたのに対し，圏論での単射は

> 射 $f: A \longrightarrow B$ で，A の任意の一般要素 x, y に対
> して $f \circ x = f \circ y$ なら $x = y$ であるようなもの

という風に，ふたつの定義の関係性を明らかに見てとることができる．

N：要は，集合論からの類推を行いたい場合に便利な概念ということだな．

S：そうだ．しかも，われわれがこれからやろうとしている「線型代数」においては，このような一般要素こそがさまざまな「量」に対応するものとなる．

N：それだけ聞いてもピンとこないがなあ．線型代数らしいことはいつ始まるんだ？

S：そういうときのために，「悠々として急げ（Festina lente）」という格言があるのだ．今回は終対象からはじめて，積，解のような「有限極限」概念にまで至ったわけだが，実はこれらをもとにすれば，数学の「かなりの部分」がその枠内で展開できる．次回は，このあたりの話から始めることにしよう．

第**3**話

1. "$X \times 1 = X$"

S：おや，目が真っ赤じゃないか，どうしたんだそんなに愉快な顔をして．あ，さてはウサギの振りをして数学の話から逃れる積もりだな．騙そうったってそうはいかんぞ．

N：いきなりわけのわからないことをまくしたてないでくれ．この前書いた原稿の確認で大変だったんだ．いくら見直しても，送った後に誤字やら間違いやらが出てくる．

S：いわゆるダストバーン現象[*1]というやつだな．

N：人間の不完全さを端的に表す現象だといえる．

S：その通りだ．さて，不完全な君の脳は，どうせ前回やった積と解（イコライザ）など忘れてしまったであろうから，簡単に復習しておこう．どちらもある形の図式の極限，つまりそういった図式たちの成す圏の終対象だった．積は対象 A, B を両端に持つ，$A \longleftarrow \cdot \longrightarrow B$ の形の図式の圏の終対象であり，解（イコライザ）は $\cdot \longrightarrow A \rightrightarrows B$ の形の図式の圏の終対象だった．A, B の積は $A \xleftarrow{\pi^1_{A,B}} A \times B \xrightarrow{\pi^2_{A,B}} B$, $A \underset{g}{\overset{f}{\rightrightarrows}} B$

[*1] 原稿をどれだけ確認しても，公の場に「出すと，バーン」と間違いが明らかになる現象．SF 作家小川一水氏による命名．

の解は $A_{f,g} \xrightarrow{\iota f,g} A$ と表していた.

N： そんなこともあったなあ．終対象は存在すれば同型を同一視すれば一意だったから，積や解もまた同型を同一視すれば一意となるのだったな．

S： 前回は特に注意しなかったが，終対象の持つこの「同型を同一視すれば一意に定まる」という性質を使えば，たとえば積に関して，以下のようなことを証明できる[*2]：

- $A \times B \cong B \times A$

- $A \times B \times C \cong A \times (B \times C) \cong (A \times B) \times C$

標語的に言えば積は「同型を同一視すれば」可換で結合的ということだ．二つ目の性質についてもう少し詳しく言うと，2項の積と同様に「3項の積」$A \times B \times C$ が図式の極限として定義できる[*3] 一方で，それは2項の積を2度適用した $A \times (B \times C)$ などと同型となる．つまり，任意の対象のペアに対する積の存在さえ要請しておけば，何項の積であろうがそれを用いて構成できることを表している．このことを踏まえ，ある圏が積と終対象とを持つとき，**有限積**（**finite product**）を持つという．

N： なんで終対象が出てくるんだ？

S： それはよく考えればわかることだ．

N： 待ちたまえ，僕はよく考えたくなんかないぞ．

[*2] 証明を考えるのはとてもためになるから，試みてみられたい．前提知識としては，前回までの内容のみで十分である．本質的には，「積の定義」を理解しているだけで証明できる．なお，二つ目の性質の意味については，本文すぐ下の説明を参照．
[*3] 「3項の積」をどのように定義すればよいか，少し考えればわかると思う．

S：ふざけた奴だなあ．よく考えないといずれ死ぬぞ．先程は項数を2から増やす方向に考えていたが，今度は逆に減らす方向，つまり1項積や0項積について考えれば良い．

N：そんなもの定義できるのか？

S：圏論的な「2項の積」や「3項の積」の定義について，自力で図式を書きながら落ち着いて考えていれば，A の「1項積」P_1 を，射 $f : X \longrightarrow A$ が存在するとき次の図式を可換にする射 $u : X \longrightarrow P_1$ が一意に存在するものとして定める[*4] のが良い，との悟りを得るだろう：

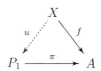

すでに毎度おなじみになった議論を使えば，このような P_1 は同型を同一視すれば一意に定まる．そして，A 自身と恒等射 1_A とが，それぞれ P_1 および π の持つべき性質を持っていることに気付けば，「まさにそれが1項積であった」と気づくだろう．つまり，ラフにいえば「A の1項積とは A 自身のことだ」といえる．

N：なるほど．だが，0項積の場合，基となる図式自体がないようだが．

S：0項積 P_0 の場合，「かくかくしかじかの射が存在するとき」という前提条件がなく，いきなり「射 $u : X \longrightarrow P_0$ が一意に存在する」ということが要請されている状況だ．

[*4] 前回注意した通り，積は「図式」であって，対象だけではなくそこからの射（ここでは π）も含めていることを言う必要があるが，「わきまえたうえで気楽にいこう」のスローガン通り，ラフな言い方をした．

N： ああ，それで終対象だというわけか．

S： そう．この条件は終対象に対する条件だから，0項積とは終対象のことで，最初に話した通り2項の積と終対象とが存在すれば，任意の有限項数の積が存在することになる．さて，有限積を持つ圏においては，任意の対象 X について $X \times 1$ というものが意味を持つが，これについて，次のことがいえる：

定理1　有限積を持つ圏において，任意の対象 X に対して $X \times 1 \cong X$ が成り立つ．

N： お，ようやく算数らしいものが出てきたな．積と同型だということが証明したいのだから，基本の図式と同じものをまず作れば良いだろう．どんな対象 X に対しても $X \xleftarrow{1_X} X \xrightarrow{!_X} 1$ はあるから，これによって射 $u : X \longrightarrow X \times 1$ で

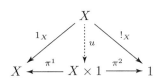

を可換にするものが一意に存在する．左側の三角形を見ると，$\pi^1 \circ u = 1_X$ がいえているから，あとは $u \circ \pi^1 = 1_{X \times 1}$ であることがわかれば終わりだ．射 $\pi^1 : X \times 1 \longrightarrow X$ を，先程の図式の上側にある X の更に上に持ってきて合成すれば $X \xleftarrow{1_X \circ \pi^1} X \times 1 \xrightarrow{!_X \circ \pi^1} 1$ が得られる．というわけで，射 $v : X \times 1 \longrightarrow X \times 1$ で

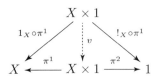

を可換にするものが一意に存在する．ところでこの $X \times 1 \xrightarrow{v} X \times 1$ の部分は，$1_{X \times 1}$ に代えてしまっても，図式は可換だ．実際，単位律により左側の三角形は可換で，右側は終対象への射の一意性から $\pi^2 = !_X \circ \pi^1 = !_{X \times 1}$ で，やはり単位律により可換となる．一方，図式の作り方から，$u \circ \pi^1$ と取り換えても図式は可換となるから，射の一意性により $v = 1_{X \times 1} = u \circ \pi^1$ で，めでたしめでたしだ．しかしこんな風に積や 1 の話が出てきたからには，やはり和や 0 も考えたくなるな．

2. 引き戻し，そしてすべての有限極限

S：まあそう慌てるな．その前に重要な話をしておかないといけない．前回定義した積と 解（イコライザ）を用いると，集合論における「逆像」をその例として含む概念が定義できるのだ．

N：写像 $f : A \longrightarrow B$ と B の部分集合 C に対して

$$f^{-1}(C) := \{a \in A \mid f(a) \in C\}$$

で定義される A の部分集合のことを，C の f による逆像というのだったな．

S：そうだ．逆像というと，なんとなく小難しいイメージを持つかもしれないが，「何らかの方程式や不等式を満たす集合」というのは，みんな逆像なんだ．

N：たしかに，二次方程式の解だとかいうのも，値 0 のみからなる一点集合 $C = \{0\}$ の二次関数による逆像を考えているわけだからな．「解」という概念とつながっている以上，解（イコライザ）を用いて定義できそうな気はするなあ．

S：まさにその通りだが，その話をするためには，まずは圏の言葉に
書き直しておく必要がある．まず，逆像については，集合と写像
からなる次の可換図式が書けることに注意しよう：

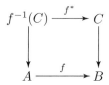

下向きの 2 本の矢印はどちらも包含写像を表している．また f^*
は，入力を $f^{-1}(C)$ の要素のみに限った写像，つまり，f の働きは
変えず，「域」を $f^{-1}(C)$ に変更したものだ[*5]．さて，最初に与えら
れていたものが図式の右下半分，つまり写像 $f : A \longrightarrow B$ および包
含写像 $C \longrightarrow B$ だということに注意しながら，圏論における対応物
を考えよう．射 $f : A \longrightarrow B$, $g : C \longrightarrow B$ に対して，可換図式：

の極限を f, g の **引き戻し（pullback）** と呼ぶ．また f, g の引き戻
しを考えることを「f を g で引き戻す」あるいは「g を f で引き戻
す」と言ったりもする．もちろんこれは一般の圏における定義だ
から，射たちは写像でなくても良いし，包含写像のように単射で
なくても良い．

N：つまり f, g の引き戻しは，対象 P と射 $p_1 : P \longrightarrow A$，射

[*5] なお，もちろん出力も C の要素のみとなるので，ここでは「余域」のほうも C
に変更して考えることにしている．

$p_2:P \longrightarrow C$ で，$f \circ p_1 = g \circ p_2$ をみたすものであり，さらに，他にこの条件をみたす対象 Q，射 q_1, q_2 が存在した場合には，射 $u:Q \longrightarrow P$ で $q_1 = p_1 \circ u, q_2 = p_2 \circ u$ となるものが一意に存在する，ということか．で，これが積と解〔イコライザ〕とから作れるのか？

S： そういうことだ．引き戻しの図式は四角形だけれど，ここから f,g を一旦忘れてしまえば A,C だけが残って積の基となる図式になるだろう？ ということでまず A,C の積 $A \xleftarrow{\pi^1} A \times C \xrightarrow{\pi^2} C$ を作ろう．その上で，f,g のことを思い出して両端に合成すれば

$$A \times C \underset{g \circ \pi^2}{\overset{f \circ \pi^1}{\rightrightarrows}} B$$

という，いわゆる平行射が得られる．

N： どうにも数学者というものは，都合よく忘れたり思い出したりするものだね．それで，この解〔イコライザ〕を考えれば良いわけか．

S： そういうことだ．$f \circ \pi^1, g \circ \pi^2$ の解〔イコライザ〕

$$(A \times C)_{f \circ \pi^1, g \circ \pi^2} \xrightarrow{\iota_{f \circ \pi^1, g \circ \pi^2}} A \times C \underset{g \circ \pi^2}{\overset{f \circ \pi^1}{\rightrightarrows}} B$$

を考えれば，先程君が使った P, p_1, p_2 として，それぞれ

$$P = (A \times C)_{f \circ \pi^1, g \circ \pi^2}$$
$$p_1 = \pi^1 \circ \iota_{f \circ \pi^1, g \circ \pi^2}$$
$$p_2 = \pi^2 \circ \iota_{f \circ \pi^1, g \circ \pi^2}$$

と取れば良いことになる．

N： 解〔イコライザ〕だから，$f \circ p_1 = g \circ p_2$ はみたされているな．仮に $A \xleftarrow{q_1} Q \xrightarrow{q_2} C$ が存在すれば，まず積への一意な射 $u:Q \longrightarrow A \times C$ によって $q_1 = \pi^1 \circ u, q_2 = \pi^2 \circ u$ と分解される．さらに $f \circ q_1 = g \circ q_2$ が成り立つなら，これは $f \circ \pi^1 \circ u = g \circ \pi^2 \circ u$ ということだから，Q から $f \circ \pi^1, g \circ \pi^2$ の解〔イコライザ〕への射 v で，$u = \iota_{f \circ \pi^1, g \circ \pi^2} \circ v$ となる

ものが一意に存在する．π^1, π^2 を左から合成すると，この条件が $q_1 = p_1 \circ v$ かつ $q_2 = p_2 \circ v$ であることと同値だとわかるから，確かに引き戻しの定義をみたしているな．

S：ということで，そもそも四角形を可換にするものが作れるし，またそれは図式の圏の終対象としての性質を持つことがわかった[*6]．実は，同じように積をとって解（イコライザ）を考えることで，どんな有限極限をも構成することが可能だ．つまり

定理 2 有限積，解（イコライザ）を持つ圏においては，任意の有限極限が存在する[*7]．

ところで，あらゆる有限極限のなかでも引き戻しは特別に基本的な役割を果たしている．たとえば，もしある圏に終対象と引き戻しが存在するならば，積も存在することは簡単にわかる．このことを説明してみよう．積を考える上では，2 つの対象の間の関係を要請しないけれど，$A \xrightarrow{f} B \xleftarrow{g} C$ の引き戻しは，B が間を取り持っているような感じだというのが異なる点だ．そこでこの f, g の引き戻しを，積をイメージして $A \times_B C$ と表すことにしよう[*8]．こう書くことにすると，もし考えている圏に終対象があれば，どんな対象 A, C を持ってきたとしても，射 $A \xrightarrow{!_A} 1 \xleftarrow{!_C} C$ が存在するから，実は積 $A \times C$ というのは，引き戻しの特殊なケース

[*6] 言葉を追っているだけでは理解できないときは，図式を描きながらゆっくりと考えてほしい．

[*7] 証明は第 8 話で行う．

[*8] もちろんこれはラフな言い方と記法であって，本来引き戻しは「図式」であり，f, g の役割こそが重要なのだ．ところが，その重要な役者が記号に現れないのは「不正」かもしれない（そもそも積の記号だってそうだが）．まあ，「本当に大切なものは目に見えないんだよ」ということを忘れなければよしとしよう．

　$A \times_1 C$ に同型だということがわかりやすいだろう.

N：なるほど. あとは 解 ^{イコライザ} の構成について触れられていないが, これ
も引き戻しを使って構成できるのか?

S：ほう, 普段の君からすると気味が悪い程の冴え渡りだな. 気味
が悪い. 終対象と引き戻しを使えば積が定義できるのは既に述べ
たとおりだが, この積を用いたある引き戻しの図式を考えると,
解 ^{イコライザ} もまた構成できる [*9]. ここまでの話をまとめると, 次のように
なる:

定理3　圏が有限積および 解 ^{イコライザ} を持つことと, 終対象および引き
戻しを持つことはと同値である.

N：先ほどの定理2と合わせれば,「終対象と引き戻しから任意の有
限極限が構成できる」こともわかるわけか. なるほど, 引き戻し
の重要性がわかってきた.

S：さて, 集合の逆像の話を一般化して圏における引き戻しを考え
てきたが, 最後に一般の圏における逆像の概念を定義して話にケ
リをつけておこう. そもそも集合間の写像 $f : A \longrightarrow B$ による逆像
は, B の部分集合 C に対して A の部分集合 $f^{-1}(C)$ を考えること
だった. 前回, 部分集合の対応物として「部分」[*10] を定めたが,
実は一般の圏においても,「部分の引き戻しは部分」となる.

[*9]　ここでは割愛するが, なかなか面白い練習問題なのでぜひ取り組んでほしい.

[*10]　考えている対象を余域とするような単射のこと.

> **定理 4** $A \xrightarrow{f} B \xleftarrow{g} C$ の引き戻し
>
> $$
> \begin{array}{ccc}
> A \times_B C & \xrightarrow{\ p_2\ } & C \\
> \downarrow{\scriptstyle p_1} & & \downarrow{\scriptstyle g} \\
> A & \xrightarrow[\ f\ ]{} & B
> \end{array}
> $$
>
> について，g が単射なら p_1 も単射である．すなわち，$C \xrightarrow{g} B$ が B の部分なら，$A \times_B C \xrightarrow{p_1} A$ は A の部分である．

これこそが，一般の圏における「逆像」ということになる．

N：単射の定義に従って，$a, b : X \longrightarrow A \times_B C$ で $p_1 \circ a = p_1 \circ b$ となるようなものをとってきて，$a = b$ がわかれば良いな．f を合成すると，図式が可換だから $g \circ p_2 \circ a = g \circ p_2 \circ b$ が得られる．g は単射だから $p_2 \circ a = p_2 \circ b$ だ．ところでこれを y とおいて，$p_1 \circ a = p_1 \circ b$ を x とおくと，$f \circ x = g \circ y$ だから射 $u : X \longrightarrow A \times_B C$ で $x = p_1 \circ u$ かつ $y = p_2 \circ u$ となるものが一意に存在する．x, y の定義によって，u として a をとっても b をとっても，この式は成り立つから，一意性により $u = a = b$ でなければならないな．

S：まあ，そんなところだろう．今回の話を通じて，「日常の数学」の大部分が有限極限，特に「有限積と解（イコライザ）」あるいは「終対象と引き戻し」で表現可能だ，ということが分かってもらえたらうれしいのだが．

N：なるほどな．いや，ちょっとまて，まだ「和」や 0 すら出てきていないぞ．

S：確かにその通りだ．次回はまさにその話から始めることにしよう．

第話

1. 双対性

S： さて，前回予告しておいたように「和」や0に関する話をしよう．

N： なにを当たり前のことを言っているんだ，君は．もう酔っている
のか？ それとも充分に酔えていないせいか？

S： 圏の話をしようとしているんだ．そもそも君から言い出したん
じゃないか．その様子だと前回私が

> 「日常の数学」の大部分が有限極限，特に「有限積と解」あ
> るいは「終対象と引き戻し」で表現可能だ

と精妙にも「大部分」と限定していたことも忘れてしまったのだろ
う．

N： 僕の記憶力をなめてもらっては困る．忘れる前にそもそも覚えて
いない．

S： 君，よくそんなことで社会生活を営んでいられるねえ．前回「大
部分」と限定していたのは，これまでの話では「和」などの概念を
扱えていなかったからで，それを今回「双対性」の概念の下，一
挙に補完しようというのだ．

N：「一挙に」というのは手っ取り早くて大変よろしい．それで，そ

の「双対性」というのはなんなんだ？

S：一言でいうと，手元にある図式と，その図式の矢印をすべて逆向きにしたときに得られる図式との間の対応だ．実のところ，すでに我々は双対性の実例を見ていて，それは単射と全射との間の関係だ．

N：ほう．射 f が単射だというのは「$f \circ g = f \circ h$ ならば $g = h$」となる場合だったな．前提条件は

$$\cdot \xleftarrow{\ f\ } \cdot \underset{h}{\overset{g}{\rightleftarrows}} \cdot$$

と表せるから，矢印を逆にすると

$$\cdot \xrightarrow{\ f\ } \cdot \underset{h}{\overset{g}{\rightrightarrows}} \cdot$$

で，「$g \circ f = h \circ f$」を表す図式になる．確かに単射の双対は全射のようだな．

S：と，まあそんな具合に，有用な概念が双対の関係にあったり，また既存の図式から新たな図式を生み出したりできるわけだ．今まで見てきた概念を振り返りつつ，双対概念を考えていこうじゃないか．まず終対象だ．終対象 1 とは，どんな対象 X をとっても，射 $X \longrightarrow 1$ がただひとつ存在するような対象のことだった．この双対である**始対象** (initial object) 0 とは，どんな対象 X をとっても，射 $0 \longrightarrow X$ がただひとつ存在するような対象のことだ．集合の世界で言えば，空集合が始対象にあたる．

N：空集合というのは要素を持たない集合のはずだが，そんなところから写像が出るのか？

S：そもそも写像というのがなんなのかという原点に立ち返れば，いわゆる「空写像」という一切入力を受け容れず，また一切出力も

しないような写像がその唯一の写像だということがわかるだろう．何も入力すべきものがないので，この場合に限っては「一切入力を受け容れない」というのもまたひとつの写像となるし，また，それ以外にはないのだ．

N：それはまあ，何も入力しないのに出力があったらびっくりするからな．

S：このあたりは「論理学の初歩」と，集合論における写像の形式的な定義とをちゃんと書けばもっときっちりいえるのだが，頑張りすぎてもつまらないので，このぐらいにしておこう．さて，終対象の双対概念の話が済んだから，これを用いて定義された極限の双対概念の話に移ろう．なんらかの図式たちの成す圏における終対象のことを極限と呼んでいたが，そのような圏における始対象のことを**余極限**（**colimit**）と呼ぶ[*1]．

N：それだけ言われても何のことかさっぱりだな．

2. 余積

S：いまから具体例に移るところだ．対象 A, B の積 $A \xleftarrow{\pi^1_{A,B}} A \times B \xrightarrow{\pi^2_{A,B}} B$ というのは，$A \leftarrow \cdot \rightarrow B$ の形の図式の圏の終対象，すなわち極限だった．積の双対概念である**余積**（**coproduct**）$A \xrightarrow{\iota^1_{A,B}} A + B \xleftarrow{\iota^2_{A,B}} B$ とは，$A \rightarrow \cdot \leftarrow B$ の形の図式の圏の始対象，すなわち余極限のことだ．

[*1] 既存の概念に対する双対概念は，特別な名前がない場合には「余」（co）を付けて呼ぶことが多い．最も知られているのは「正弦」（sine）に対する「余弦」（cosine）だろう

N：確かに射が反転して，極限が余極限になっているな．余極限は
図式の圏の始対象なのだから，要は $A \xrightarrow{f} X \xleftarrow{g} B$ に対して，射
u で

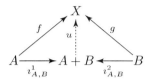

を可換にするものが一意に存在するということか．

S：そういうことだ．そして「$X \times 1 \cong X$」の双対命題，つまり主張
をすべて双対的な対象で置き換えたものとして「$X + 0 \cong X$」が得
られる．さて，積は集合の世界では直積に対応していたが，余積
は**非交和**（**disjoint union**）に対応している．この概念はもしかした
らそれほど知られているものではないかもしれないが，簡単に言
えば「のべ」の合併を考えているものだ．普通の和との違いは，共
通部分を持つ集合を考えたときに現れる．

N：$A = \{a, b\}$，$B = \{a, c\}$ などととれば，和 $A \cup B$ は $\{a, b, c\}$ だな．

S：非交和では，「A の中の a」と「B の中の a」とを区別する．こ
れには出自を示すラベルを付けておけば良く，具体的には
たとえば A の代わりに $A' = \{(a, 0), (b, 0)\}$，B の代わりに
$B' = \{(a, 1), (c, 1)\}$ を考えて $A' \cup B'$ を考えれば良い．この「集合
の非交和」のことを「集合の直和」と呼ぶことも多く，このことか
ら余積を直和と呼ぶこともある．だが，我々は余積と呼ぶ．

N：他人と少し違ったことをすることによって，某かを成し遂げた
気分になるのは思春期のみに許された特権だぞ．今更中二病なの
か？

S：この決定の裏にある私の深謀遠慮を推察できないから君はその

ように暢気な感想を抱くんだ．我々はこの直和ということばを，後々「積でありかつ余積であるようなもの」の名前として使いたいから余積で通そうとしているのだよ．

N：そんなものあるのか？

S：あって，それこそが「線型代数の根幹」なのだ．それどころか「有限直和」をもつ圏があれば，それだけで線型代数の要である「行列計算」が可能になる．が，まあこの話題は後にゆっくり扱うことにしよう．積と余積とが出てきたから，このあたりで今後の話を円滑に行うために用語を整理しておこう．積の定義を振り返ると，まず対象がみたすべき性質を表した図式 $A \longleftarrow \cdot \longrightarrow B$ があり，この中でも特別なものということで極限をとっていた．射 $A \longleftarrow A \times B \longrightarrow B$ のことを「積の自然な射」と呼ぶことにしよう．同じように，「余積の自然な射」といったら $A \longrightarrow A+B \longleftarrow B$ を指すことにする．一般の極限や余極限に関しても同様に言う．次に，積でも余積でも「図式を可換にするような射」が一意に存在していることについてだ．f, g に応じて定まるわけだから，単に味気なく u と記すだけでなくその依存関係がはっきりとわかってほしい．それに，積と余積との間の双対関係をも暗示してほしいではないか．以上を踏まえて $A \xleftarrow{f} X \xrightarrow{g} B$ に対しての射 $X \longrightarrow A \times B$ を $\begin{pmatrix} f \\ g \end{pmatrix}$，$A \xrightarrow{f} X \xleftarrow{g} B$ に対しての射 $A+B \longrightarrow X$ を $(f\ g)$ とする記法を提唱したい．

N：なんだ，君が勝手に言っているだけか．

S：ふん，並べて描いてみれば暗愚な君にもその素晴らしさが一目瞭然だろう：

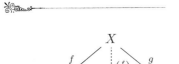 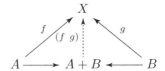

N：はあ．まあ，線型代数の用語を先取りしていうなら，縦と横とを入れ替える「転置」という操作を行っているようなイメージだな．

S：まさにこのことが後々生きてくるのだ．まあ，実際に使う段になったらまた紹介することとして，話を余積に戻そう．この余積を用いると，「有限集合」の概念を直観にあう形で定式化できるんだ[*2]．今我々は 0 と 1 とを持っている．有限集合というのは，0 か，1 との余積をどんどんととっていって得られる集合と同型なものだと定められる[*3]．

N：再帰的に言えば

　　　1. 0 は有限集合である．

　　　2. N が有限集合なら $N+1$ も有限集合である．

といったところか．これに加えて「有限集合と同型な集合は有限集合である」かな．

S：特に $1+1$ によって 2 を定めることができる．この「2」というのが重要で，真理値の集合 {True, False} に対応することになる．まあ，{ 真 , 偽 } でも {Rouge, Noir} でも，名前の付け方は何であれ，ともかく「2」が相異なる要素を 2 つだけ持つ，すなわち終対象からの相異なる射が 2 つ，そしてただ 2 つだけ存在するという

[*2] そもそも集合とは，ということについては第 9 話以降で取り上げる．

[*3] 前回用いた「有限積」という言葉にならっていえば，有限集合とは「1 の有限余積」と同型な集合だ，となる．もちろん 0 は「0 項余積」である．

のが，かの有名な格言「1+1＝2」の深遠な意味なのだ．圏論の立
場を通じて反省してみると，これは全然自明なことではない．終
対象同士の余積がちょうど2つの要素を持つということが，集合
圏のきわめて大切な特性なのだ．高校で習う「集合と論理」あた
りの話題は，まさにこの基盤の上に乗っているといえる．実際，2
と引き戻しの概念とを用いることで，「性質」または「条件」あるい
は「述語」に対して，その性質をみたす要素たちの集合である「真
理集合」を定めることができる．

N：そもそも「性質」を圏論的にどう定めるんだ．

S：「性質」とは，それを満たすか否かを考えようとする要素たちの
集合から「2」すなわち {True, False} への写像だと捉えてしまお
う．実際，たとえば「$x>0$」という性質は，$x>0$ なる x を True
に，それ以外を False に送る写像だとみなせるだろう．というこ
とで，「性質」とは射 $X \xrightarrow{P} 2$ のような「2 への射」のことだ，と
定義しよう．さらに2へは余積の自然な射 $1 \longrightarrow 2$ があるが，こ
れと終対象1からの射は要素を意味していたこととを合わせれば
$X \xrightarrow{P} 2 \xleftarrow{\text{True}} 1$ という図式が得られる．そしてこの引き戻し

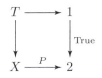

が真理集合を表すわけだ[*4]．さて，引き戻しを思い出してしまっ
たからには，当然その双対概念も気になるところだ．

N：$\overset{\text{イコライザ}}{\text{解}}$ も定義していたな．

[*4] このあたりの話について詳しくは第9話以降で取り扱っていく．

S： そうそう，そちらの方が先だ．詳しくは必要になったときに話すが，**余解**（coequalizer）というのは同値関係に関わる概念で，これを通じて引き戻しの双対である**押し出し**（pushout）を構成することができる．定義や構成については，今までのものの矢印を反転させるだけでまったく同様に話を進めることができる．

N： 実に省エネだな．素晴らしい．

S： まあいろいろと出てきたが，まとめると，初等数学というのは有限極限と余積とを考えているようなものだといえるのではないだろうか．「集合と論理」の話もできるようになったし，＋や×といった算数ができるわけだし．

N： なるほどな．いや，だがしかし，＋と×とが双対だというのはわかったが，実際の計算上でどのように関係しあっているのかがまだわかっていないじゃないか．

S： 要は分配法則のことだな．それを言うには，実はより一層「高等」な話をしなければならない．

3. 冪

N： 高等というのはどういう意味だ？

S： 今までは単にものの集まりを表現する対象のみを扱っていたけれど，二つの集まりの間の関係づけである「関数」たち全体の集まりについて考察していく．これが「高等」ということだ．集合論などで，A から B への関数全体の集合をしばしば B^A と表すが，圏論でもこの対応物があり，「冪」と呼ばれている．

N： いつものように，その概念を特徴づける射や図式と，図式の圏の終対象だか始対象だかを絡めて定義するのか？

S： ほう，大分慣れてきたようじゃないか．まずは冪の概念を特徴づける射についてだが，これは**評価**（**evaluation**）と呼ばれる射 eval $: B^A \times A \longrightarrow B$ だ．これから少しずつ説明していこう．

N： いつもと比べてややこしい感じだな．その評価 eval というのはいったいどんな射なんだ．

S： 直感的にいえば，関数と入力との組から出力を得るということを表している．「関数」というと「入力から出力を得る働き」というイメージだが，ここでは少し見方を転じて，「入力が行われる以前の関数」を考えているのだ．関数が持つ「働き」は潜在的なもので，そこに入力がやってきて，その組が eval によって結合されることにより，関数が「起動」されるという具合に段階を分割している．さて，この eval を用いて冪を次のように定義しよう．射 $f : X \times A \longrightarrow B$ があるとき，つねに射 $\tilde{f} : X \longrightarrow B^A$ で

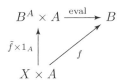

を可換にするものが一意に存在するような B^A のことを，A から B への**冪**（**exponential**）というのだ[*5]．そして，f から $\tilde{f}$ への対応を**カリー化**（**currying**）と呼ぶ．また，$\tilde{f}$ は厳密には「カリー化された f」とでも呼ぶべきかもしれないが，単に「f のカリー化」

[*5] ところが，B^A を，英語では B to A のようにいう．これだから英語はキライだ（まあ，日本語でも「B の A 乗」と B を先に読むから，同じようなものか）．

と呼ばれることが多い．逆向きの $\tilde{f}$ から f への対応は**逆カリー化**（**uncurrying**）と呼ばれる．

N：何を言っているのかよくわからないな．説明が飛びすぎているぞ．まず手始めに，この f と $\tilde{f}$ はどういう関係なんだ．

S：君にしては鋭い質問じゃないか．「X の要素と A の要素との組」を入力として「B の要素」を出力とするような「二変数関数」f を，「X の要素」を入力として「A から B への関数」を出力とする関数 $\tilde{f}$，つまり「一変数関数」を出力する「一変数関数」に読みかえるとでもいうような，「見方の転換」がここで行われているのだ．

N：ははあ，この「A から B への関数」というのがさっき君が言った「入力が行われる以前の関数」にあたり，これを図式を可換にするかたちでちゃんと起動してくれるのが評価であるという感じなんだな．で，$\tilde{f} \times 1_A$ ってなんだ．

S：それはもちろん二つの射 $\tilde{f}$，1_A の積だ．見ればわかるだろうが．

N：「射の積」だなんて，そんなもの定義していないだろう．

S：え，本当か．君の気のせいなんじゃないかなあ．

N：僕の記憶を試すような真似はよしてくれ．僕自身が信用ならないほど脆弱なんだから．弱者をいたぶって喜ぶなんて最低の行いだぞ．

S：面倒な奴だなあ．一般に射 $f:A \longrightarrow B$ と $g:C \longrightarrow D$ とがあったとき，ここから積から積への射 $A \times C \longrightarrow B \times D$ を構成することができて，これを f と g との積と呼んで $f \times g$ で表すんだ．構成は簡単で，まず積の自然な射 $A \xleftarrow{\pi_1} A \times C \xrightarrow{\pi_2} C$ と f, g とを合成す

れば $B \longleftarrow A \times C \longrightarrow D$ が構成できるから，このことから $A \times C$ から $B \times D$ への射が得られる．

N：君の先程の記法を用いれば

$$f \times g = \begin{pmatrix} f \circ \pi^1 \\ g \circ \pi^2 \end{pmatrix}$$

ということか．

S：そうなるな．今回は $\tilde{f} : X \longrightarrow B^A$ と $1_A : A \longrightarrow A$ との積をとっている．より端的にいえば，$\tilde{f} : X \longrightarrow B^A$ に関手（ ）$\times A$ を作用させたということだ．

N：関手ってなんだ．

S：なんだって？ 君は関手も知らないで今まで何をしていたんだ．

N：何をしていたも何も，君の話に付き合っていたんじゃないか．

S：私の話に付き合っていたのなら，関手くらい知っているはずじゃないか．

N：信用ならない僕の記憶に誓って言うが，君は関手の話など一度もしていないぞ．

S：奇妙な修辞と衝撃的な告発とで私を揺さぶらないでくれ．関手の話もせずに我々は一体今まで何をしていたんだ．

N：そんなこと僕が覚えているわけがないだろう．

S：ではとりあえず紅茶にマドレーヌでも浸して食べて，それでも思い出さなかったら，次回は関手の定義から始めよう．

第5話

1. アナロジーとしての関手

S：あ.

N：どうした，そのように幽かな叫び声をあげて．スウプに何か，イヤなものでも入っていたのか.

S：いや，紅茶にマドレーヌなら入っているが，そうではない．確かに関手について話した覚えがないなと自覚したところだ．話さなかった覚えもないが．それに，話していなかったとしても，関手という概念は日常に溢れるある種の関係付けを圏論的に定式化したものなので，まったく触れていなかったとはいえまい．勿論これは圏論のほとんどの概念に当てはまることだが.

N：往生際の悪い言い訳をしていないで，とっとと解説したまえよ.

S：仕方がない．「関手」というのは，わかりにくくいえば「関係の間の関係」を表すものだといえる.

N：なるほど，まったくわからんな.

S：そうだろうそうだろう．このような状況を「君の理解は，カメの歩みのようだ」と表現したとしよう.

N：失礼な奴だなあ.

S：君に払うべき礼などそもそもないから，「礼を失している」との批判はあたらない．

N：なんて無礼な．

S：それならよかろう．とはいえこれはあくまで例だ．私としても例とはいえ，このようなことを言うのは大変心苦しく，思わず微笑んでしまうほどなんだが，話を進める上で必要不可欠なんだ．諦めろ．とにかくこの比喩表現は，「君の理解の遅さ」と「カメの歩みの遅さ」とを比較した上で出てきたものだということはわかるだろう．この「比較」が，すでに「関係の間の関係」を表しているといえる．

N：「君」，「理解」，「遅さ」の間の関係，そして「カメ」，「歩み」，「遅さ」の間の関係，この二つが関係しているということか．

S：基本的にはそういうことだな．しかしそれだけではない．たとえば「理解」と「歩み」とは，かたや目に見えない過程，かたや目に見える運動とまったく異なるものだというのに，ともに「遅い」と言ってしまえる．これは，両方がたとえば「進む」ことにつながっていて，この「進む」を介して「遅い」とつながるからだ．二つのもののつながりを矢印で書き，「射」と思えば，今述べたことは「合成」という操作の重要性を表している．もちろん，「進む」経由でなく，別の言い方をしても良いわけだが，いずれにしても，言葉には表れていない形象たちも含めて，関係のネットワーク同士の関係を考える必要があるわけだ．

N：「関係のネットワーク」なる言葉を使っているのは，圏論と関係付けようとしているからだな．君の浅ましい魂胆はお見通しだぞ．

S：そもそも目に見えもしないものを「お見通し」とはまさに比喩，メタファーそのものではないか．このあたりのことは，別に私が無理矢理に圏論と結び付けようとしているわけではない．

N：紐状のものでないものを「結び付ける」とは，これもまた比喩，メタファーそのものではないか．

S：だから結び付けようとしているわけではないと言っているだろうが，まったく．それはともかく，我々の思考にとって比喩，すなわち，「関係のネットワークを考え，それらを関係付けようとすること」が根源的かという話をしているんだ．たとえばアリストテレスの『詩学』なんかを見ると「アナロジーに基づくメタファー」についてのところで，この考えの萌芽がはっきりとみられる．「アナロジー」というのは今言った比較のことで，「類比」と訳される．元々はギリシャ語で「比例」を意味していたようだ．『詩学』では，「老年」のことを「人生の黄昏」だとか「人生の日没」だとかと表現するメタファーが分析されている．

N：アナロジーというと，「類推」の意味で使うことが多いんじゃないか．

S：「類推」とはそもそも広い意味での「比喩」を用いた推論のことだからな．つまり，関係のネットワーク同士を関係付けようとするとき，今まで見えていなかったものが見えるようになり，理解できなかったものが理解できるようになることがあるわけだ．たとえば，スプーンは使っているが箸を見たこともない人に「箸はスプーンのようなものだ」と説明すると「わかる」ことがあるだろう．これは，「箸」という未知のものと「スプーン」とが関係付けられることにより，「スプーン」をとりまく関係のネットワークとの関係を通じて，「箸」なるものがいろいろな既知のものとつながってくるわけだ．

N：少なくとも食事に使うものだろうというのは想像できるな．それに，木や金属などいろいろな素材でできているのだろうというこ

とまで考えるかもしれない．あるいは一本だけで使うのだろうか
と思うかもしれない．

S：そうそう．類推はもちろん間違うこともあるのだが，それなし
には生きられないほど根本的なのだ．アリストテレスも述べてい
るが，我々の思考に本質的に新しいものを付け加えるのは，まさ
にアナロジーだといえる．また，こういった関係のネットワーク
の関係付けとしての比喩は，文芸においてもきわめて重要な役割
を果たす[*1]．比喩の理論についてさらに踏み込んで議論するために
は，これから話す「関手」や「自然変換」などを始めとした更なる
圏論的ツールがあると良いのだが，ここでは先に進もう[*2]．とも
かく，関係のネットワークの間の関係というのが大切なんだ．こ
れを圏論的に定式化したのが「関手」と呼ばれる概念だ．関手は，
域，余域や結合法則を含めて射を射に対応させるものとして定義
される：

[*1] 「関係のネットワークの関係付けとしての比喩」という見方は，西郷竹彦氏
の文芸理論において常に強調されてきた．比喩をこのようにとらえるときはじ
めて，「比喩は場のイメージをつくる」「比喩は人物像をいろどる」といったこ
とが理解できるようになる．たとえば西郷竹彦（2015）『題材と主題―詩の形・
比喩の本質』（光村図書）などを参照．

[*2] 圏論的な比喩の理論の試みについては，たとえば布山美慕・西郷甲矢人
（2018）．不定自然変換理論の構築：圏論を用いた動的な比喩理解の記述 知
識 共 創，III 5-1-11.，Fuyama, M., Saigo, H., & Takahashi, T. (2020).
A category theoretic approach to metaphor comprehension: Theory of
indeterminate natural transformation. BioSystems, 197, 104213. doi:
10.1016/j.biosystems.2020.10，池田駿介，布山美慕，西郷甲矢人 & 高橋達
二（2018）．不定自然変換理論に基づく比喩理解モデルの計算論的実装の試み.，
認知科学，28（1）．などがある．

定義1 圏 $\mathcal{C}$ の対象および射から，圏 $\mathcal{D}$ の対象および射への対応 F が**関手**(functor)であるとは，以下の3条件をみたすときにいう．

1. $\mathcal{C}$ の射 $f : X \longrightarrow Y$ を $\mathcal{D}$ の射 $F(f) : F(X) \longrightarrow F(Y)$ に対応させる．

2. $\mathcal{C}$ の各対象 X の恒等射 1_X について，$F(1_X) = 1_{F(X)}$ となる．

3. $\mathcal{C}$ の射 f, g の合成 $f \circ g$ について，$F(f \circ g) = F(f) \circ F(g)$ となる．

要は，図式を図式に「きちんと」対応させるのが関手なのだ．手元にある図式と，「同じ形」のものを見付けるということだ．もちろんここで「形」というのは，射たちがどんな風に合成されているか，ということも含めてのことだ．さて，関手のなかでも特に圏 $\mathcal{C}$ から $\mathcal{C}$ 自身への関手は $\mathcal{C}$ 上の**自己関手**(endofunctor)と呼ばれる．自己関手の例としては，前回最後に触れた積を紹介するのが良いだろうな．対象 A を一つとって固定すると，「A との積をとる」という対応 F_A が定義できる．

N：対象 X に対して $F_A(X) = X \times A$ を対応させるということか．

S：そうだ．このとき，射 $f : X \longrightarrow Y$ がどう移るかというのが問題だが，実はこれは前回冪の定義で取り上げた射の積に移るんだ．

N：対象は A との積，射は $1_A : A \longrightarrow A$ との積に移るというわけか．射の積は $X \xleftarrow{\pi^1} X \times A \xrightarrow{\pi^2} A$ を元にして構成できるのだったな．関手の作用も波線で描いてまとめると，次のようになるか．

$$\begin{array}{ccccc} Y & \longleftarrow & Y \times A & \longrightarrow & A \\ {\scriptstyle f} \big\downarrow & {\scriptstyle F_A} & \big\downarrow {\scriptstyle f \times 1_A} & & \big\downarrow {\scriptstyle 1_A} \\ X & \xleftarrow{\pi^1} & X \times A & \xrightarrow{\pi^2} & A \end{array}$$

S：ずいぶんとごちゃごちゃしてしまったが，そんなところだろう．ところで実は，この「図式」もまた関手とみなせるんだ．

N：図式は図式だろう，何を言っているんだ．

S：関手が図式を同じ形のものに移すというのは定義の後に述べたとおりだが，これはつまり「図式の形」というものを圏論的に記述できる可能性を示唆しているわけだ．たとえば，我々は何度も「$A \xrightarrow{f} B$」と書いてきたけれど，これは「2つの対象を持ち，恒等射以外には一方の対象から他方への射が1つあるだけの圏」からの関手とみなすことができる．元の圏の対象や射の名前には興味がないから省略して描くと，「$A \xrightarrow{f} B$」というのは

という関手のことだ．形を区別するためには元の圏の名前が用いられる．圏 $\mathcal{C}$ における**型 $\mathcal{J}$ の図式**（**diagram of type** $\mathcal{J}$）といったら $\mathcal{J}$ から $\mathcal{C}$ への関手を指す．$\mathcal{J}$ としては，今のような単純な構造の圏が用いられることが多い．

N：圏というとなんとなく大きな集まりのイメージがあったが，$\mathcal{J}$ みたいな「小さい」ものも考えるのか．三角形の図式やらなんやらも，元の圏を変えて取り扱っていけるのだな．

2. 自然変換

S：我々はこれまで，様々な概念が圏における図式としてとらえられ

るということを述べてきた. あえて言い切ってしまうなら, 数学
的な概念はある種の図式に対応する. また, その概念の「具体例」
というのは, 対応する図式の形を保ちながら, 私たちがそれを
「実現」する舞台となる圏に表現することだといえる. つまり,「抽
象的」な圏から「具体的」な圏への関手だと考えられる. たとえ
ば, 抽象的な図式に対してそれを「実現」する集合や写像のネット
ワークを構成するというのは, 抽象的な図式の圏から集合圏への
関手を作るということに相当するわけだ. こうしていくと, 面白
いことに気付くだろう. それは, 関手のことを今までは圏の間の
射として考えてきたけれども, 見方を変えればそれ自体を「対象」
と思えるということだ. なにしろ, それは「具体例」[*3] に対応し
ているのだからな. すると, その間の射とは何か, と考えたくな
る. その答えが「自然変換」というものだ.

定義 2　F, G は圏 C から圏 D への関手とする. t が F から G へ
の**自然変換** (natural transformation) であるとは, 以下の 2 条件
をみたすときにいう.

   1. t は, C の各対象 X に対して D の射 $t_X : F(X) \longrightarrow G(X)$ を対
     応させる [*4].

   2. C の各射 $f : X \longrightarrow Y$ について, $F(X)$ から $G(Y)$ への射として
$$t_Y \circ F(f) = G(f) \circ t_X$$
     が成り立つ.

自然変換をどう表記するかについてはいくつか流儀があるが,
「$F \overset{t}{\Longrightarrow} G$」と二重矢印を用いて表すことにする. 2 つ目の条件に

[*3]　数学では「表現」とか「モデル」ともいう

[*4]　つまり自然変換は, そのそもそもの「身分」としては, 対象から射への対応である.

ついては，次のように図示するとわかりやすいだろう．

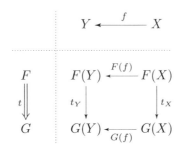

右上が $\mathcal{C}$ での射，右下が $\mathcal{D}$ での射を表している．ここでは関手 F, G による f の 2 つの移り先と自然変換 $t : F \Longrightarrow G$ との関わりが描かれている．2 つ目の条件は，この四角形が可換であることを要請するものだ．

N： 関手同士，つまりは「具体例」同士を関係付けているということか．「本質」は図式そのものだから，要は本質を保ちながらの変換というのが自然変換ということだな．

S： そうだ．そこで「関手を対象とし，自然変換を射とする圏」を考え，これを**関手圏**（**functor category**）と呼ぶ．図の左下はこの見方を示している．横方向の $\mathcal{C}$ での動きと縦方向の関手圏での動きとが合わさって，$\mathcal{D}$ での四角形が形成されているという覚えやすい構造になっているだろう．ちなみに関手圏が本当に圏であるかは，自然変換の合成がまた自然変換になっているということを確かめなければならないが，これは $\mathcal{D}$ での動きを見ればすぐにわかることだ．

3. 冪再訪

N：随分とふわふわとした話が続いたな．射，関手，自然変換と 3 種類もの矢印が出て，関手の圏まで現れてしまった．そもそもなんでこんな話をしていたんだ．

S：え，君が覚えているものと思って，こちらは気持ち良く忘れていたというのに，ひどい奴だなあ．

N：そんな思惑で動くだなんて，僕でもしない愚行だぞ．ほう，前回の記録を見ると，どうやら我々は冪を定義していたようだ．

S：そんなこともあったねえ，懐かしい．

N：冪 B^A というのは，「A から B への関数全体の集まり」を抽象化した概念で，「関数の値を計算する働き」を表す評価 $\mathrm{eval}: B^A \times A \longrightarrow B$ を伴っていたのだったな．

S：それで，射の一意性を定義する際に，射の積だとか関手だとかで躓いていたんだ．改めて述べると，他に対象 X と射 $f: X \times A \longrightarrow B$ があるとき，つねに射 $\tilde{f}: X \longrightarrow B^A$ で

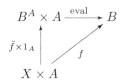

を可換にするものが一意に存在するような対象のことだ．

N：$\tilde{f}$ に，先程調べた A との積をとる関手 F_A を作用させているんだな．

S：そうだ．ところで前回，積の「自然な射」について話した

が，この用語との関係について触れておこう．各対象 X から $X \times A \xrightarrow{\pi^1_{X,A}} X$ への対応を考えると，これは関手 F_A から「**恒等関手（identity functor）**」という各対象や各射にそれら自身を対応させる関手[*5] への自然変換を定める．まさにこのことを見越して，前回「自然」という言葉を使っていたんだ．

N : 論理的には，関手を定義してはじめて自然変換を定義できるわけだけれど，ここではむしろ，この対応が「自然変換となるように」F_A が定義されている，という感じだな．

S : どうしたんだ君，いきなり洞察力を爆発させて私を狼狽させないでくれ．まさにその通りで，対象から射への対応付けが「自然変換となるように」関手が定義される，というのは非常に普遍的なことなんだ．いずれ話す「線型写像の行列表現」なんていうのも，まさにこうした関手の例となっている[*6]．ここからも，自然変換の重要性が君にも少しは感じられるだろう．

N : ふん，全然わからんな．まあいずれ話してくれ．

S : そうするとしよう．さて，関手的な見方をすると更に面白いことがわかる．A との積をとる関手 F_A の他に，冪を対応させる関手を G_A としよう．対象 X に対しては $G_A(X) = X^A$ と定めて，射 $X \xrightarrow{\alpha} Y$ の対応については，積の場合と同じく一意的に定まる射を対応させることにする．

N : 評価 $X^A \times A \xrightarrow{\text{eval}} X$ と α とを合成すれば $X^A \times A$ から Y への射となるから，冪の普遍性によって X^A から Y^A への射が一意に定まるわけだな．

---

*5　いいかえれば「何もしない」関手．

*6　ベクトルの「成分表示」がこの場合の自然変換．つまり「座標のとり方」にあたる（双対的にいえば，「基底のとり方」）．

S：この射のことを対象と同様の表記を用いて α^A と書くことにしよう．面白いことというのは，$X \times A \xrightarrow{f} B$ と $X \xrightarrow{\tilde{f}} B^A$ との対応だ．今定義した F_A, G_A を用いれば，f は $F_A(X)$ から B への射，$\tilde{f}$ は X から $G_A(B)$ への射だ．冪の定義は f から $\tilde{f}$ が一意に定まることを要請するものだが，逆に $\tilde{f}: X \longrightarrow B^A$ があれば，これに F_A を作用させた上で eval と合成すれば $F_A(X)$ から B への射が得られる．あ，言い忘れていたが，eval も自然変換の良い例だ[*7]．何から何へのかも含め，あとで考えてみてくれ．ともかく，状況を図示すれば次のような関係にある．

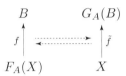

$$
\begin{array}{ccc}
B & & G_A(B) \\
f \uparrow & \dashleftarrow & \uparrow \tilde{f} \\
F_A(X) & & X
\end{array}
$$

f から $\tilde{f}$，また $\tilde{f}$ から f が得られることを間の点線で示した．$f, \tilde{f}$ を見ると，左では X に作用していた F_A が右ではとれて，代わりに B に G_A が作用している．両者は，まるで「言い換え」や方程式の変形のように相互に関係しているではないか．そしてこの相互の関係は，二つの自然変換を通じて記述できる[*8]．こういった状況を，冪と積とは「随伴関係」にあるという．

N：「こういった状況」というのは何だ．あまり地に足の付いていない議論をしていると，いずれメタファーでイデアされるぞ．

S：わけがわからないなりに恐ろしげなことを言わないでくれ．では，次回は「随伴」をはっきりと述べるための準備から始めよう．

[*7]　より正確には，評価を $\mathrm{eval}_{A_X}: X^A \times A \longrightarrow X$ とでも書いたうえで，「eval_A も自然変換の良い例だ」と言うのがよいだろう．

[*8]　二つのうち一つは eval である．では，eval の「相手」はなんだろうか？

1. 圏論の核心へ

S: さて，いよいよ圏論のキモともいえる「随伴」について述べるために色々と準備をしていこう．

N: なるほど，「キモ」というのは「人体の重要な部分」で，このことと「ものごとの重要な部分」とを比較して関手性に着目し，そういったメタファーができたわけか．

S: 何に納得しているんだね，君は．前回は積と冪との間の深い関係

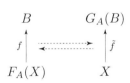

を見て終わったのだったな．

N: $F_A(X) = X \times A$, $G_A(X) = X^A$ で，f と $\tilde{f}$ とは eval や冪の定義によって互いに移り合えるという話だった．

S: この裏に潜む自然変換こそが重要なんだ．対象を明示して評価を eval_{A_X} と書くことにすると，これはそもそもは $X^A \times A$ から X への射だった．域の方は，F_A, G_A を使うと $F_A(G_A(X))$ と書ける．関手の合成を $F_A G_A$ と書くことにすれば，これは $F_A G_A(X)$ とい

うことだが，こうなったら余域の方も平仄を合わせて恒等関手 id
を使って無理矢理 id(X) と書いてしまおう．

N：なんだか怪しげな操作をしているなあ．結局，$F_A G_A(X) \xrightarrow{\text{eval}_{A_X}}$ id(X) ということか？

S：そこまで書いたのなら，もう X などという個別の対象に煩わされる必要もないだろう．素直に $F_A G_A \overset{\text{eval}_A}{\Longrightarrow}$ id と書いてしまえば，なんと eval$_A$ が $F_A G_A$ から恒等関手への自然変換であることがわかってしまうではないか．

N：そんな，ポイントフリー・スタイルのコーディングみたいなことをして良いのか．

S：関数型言語の基盤は圏論で，その関数型言語で許される操作が圏論で許されないはずがないだろう．まあ，私はポイントフリー・スタイルの何たるかを知らないがな．

N：ふむ，僕も知らないな．ともかくここで大事なのは射 $f : X \longrightarrow Y$ に対して

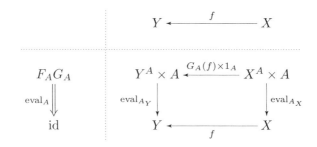

の右下の四角形が可換であることを確かめるということだったな．ああ，冪の性質から，というか定義の要請から明らかなのか．

S：そういうことだ．eval$_{A_X}$ と f との合成が $X^A \times A$ から Y への射となるから，この四角形を可換にするべくして $G_A(f)$ が定まる．

さて，$F_A G_A$ について調べたからには $G_A F_A$ について調べたくなるのが人情というものだ.

N：いや別にそうは思わないが.

S：それは君が人情を欠いた人間であるか，あるいは人間でないからだ. 哀れな. とにかく対象 X を持ってきて作用させて，$G_A F_A(X)$ について調べるためにこれを余域とする射 $g: Y \longrightarrow G_A F_A(X)$ を考えよう.

N：まるで探針のようだな. 前回から調べている相互関係によって，g と射 $F_A(Y) \longrightarrow F_A(X)$ とが対応するが，ほう，どちらも F_A が作用している形になったな.

S：つまり射 $Y \longrightarrow X$ があれば，F_A を作用させた上で相互関係によって射 g が得られるわけだ. そこで Y として X 自身をとれば，恒等射 1_X を基にして射 $X \longrightarrow G_A F_A(X)$ が構成できることになる[*1]. この対応を η_X とする. これも eval_{A_X} と同じく A によっているのだけれど，もう A は固定することにして A を表に出さないことにしよう. 書くのがめんどうだし，添え字が多すぎるからな. ついでに eval_{A_X} も，頭文字だけとって ε_X のように表すことにしよう. さて η が自然であることを見るのは，ε の場合と比べて多少ややこしい. 要は射 $f: X \longrightarrow Y$ を基にした図式

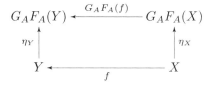

[*1]　F_A, G_A を使わずに積，冪の表示に戻ると，恒等射 $1_{X \times A}: X \times A \longrightarrow X \times A$ に対応した射 $X \longrightarrow (X \times A)^A$ である.

が可換であれば良いわけだけれど，これには $\eta_Y \circ f$ と $G_A F_A(f) \circ \eta_X$ とが等しいことを示さなければならない．「射の等しさ」について我々が使えるものといえば，「恒等射との合成は元の射に等しい」だとか「射を合成したものに関手を作用させたものと関手を作用させてから合成したものとは等しい」だとかの当たり前のものを除けば，普遍性だ．ここでは冪の普遍性を用いる．

N：冪の定義を見ると，$F_A G_A$ の形が出ていないと使えないんじゃないか．

S：では先程の図式全体に F_A を作用させれば良い．ついでに η_X の定め方や eval が自然変換であることを描き加えれば，次のようになるだろう：

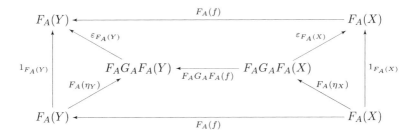

N：こんな複雑な図式を描いて，時代を間違っていれば魔女裁判にかけられるところだぞ．下側の台形が先程の図に F_A を作用させたもので，左右の三角形は η の定め方から可換，上側の台形は ε が自然変換であることから可換だな．

S：これらの可換性を使うと，右下の $F_A(X)$ から，$F_A G_A F_A(Y)$ を経由して $F_A(Y)$ に到達する二通りの射の合成について

$$\varepsilon_{F_A(Y)} \circ F_A(\eta_Y \circ f) = 1_{F_A(Y)} \circ F_A(f)$$

$$\varepsilon_{F_A(Y)} \circ F_A(G_A F_A(f) \circ \eta_X) = F_A(f) \circ \varepsilon_{F_A(X)} \circ F_A(\eta_X) = F_A(f) \circ 1_{F_A(X)}$$

と，外側の四角形の辺を通る経路に変形できて，結局どちらも

$F_A(f)$ に等しいことがわかる．

N：へえそうか，それは良かったな．さあ飲みに行こうか．

S：いやまだだ．今言えたのは，「F_A を作用させた後に $\varepsilon_{F_A(Y)}$ を合成すると等しくなる」ということだけだ．とはいえ後は冪の普遍性にゆだねるだけで良い．射 $F_A(f): F_A(X) \longrightarrow F_A(Y)$ に着目すると，冪の定義から

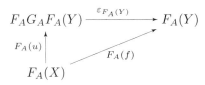

を可換するような射 $u: X \longrightarrow G_A F_A(Y)$ が一意に存在するが，今し方示したことによれば，この図式の u として $\eta_Y \circ f$ を考えても，あるいは $G_A F_A(f) \circ \eta_X$ を考えてもこの三角形は可換となる．u は一意だからこれらは等しいはずで，これで η が自然変換であることがわかった．

2. 積と冪との深い関係

N：大分ややこしい話だったな．

S：とはいえ，使ったのは定義と「矢印を追う」ことだけなのだが．さて，証明中で他にも使い道のある考え方を使ったりもしていたから，整理しつつ話を進めよう．わかったことは，$F_A(X) = X \times A,\ G_X(X) = X^A$ とすると，恒等関手への自然変換 $\varepsilon: F_A G_A \Longrightarrow \mathrm{id}$ と恒等関手からの自然変換 $\eta: \mathrm{id} \Longrightarrow G_A F_A$ とが得られるということだ．重要なことは，これらを使えば射

$F_A(X) \longrightarrow Y$ と射 $X \longrightarrow G_A(Y)$ との間の関係を記述できるということなんだ．実際，「前者から後者への対応」φ および「後者から前者への対応」ψ を，F, G, η, ε の四つを用いて書き表すことができる．

N：よくわからんが，とりあえず $g : X \longrightarrow G_A(Y)$ に対しては，対応する射 $\psi(g) : F_A(X) \longrightarrow Y$ を $\psi(g) = \varepsilon_Y \circ F_A(g)$ として作ればよいから，ψ については確認済みだな：

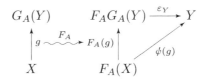

S：日々をぼんやりと自堕落に生きている君は気付かなかったろうが，先程 η の自然性を証明する途中で重要な役割を演じていたのは，正にこの対応なわけだ．では今度は，射 $F_A(X) \longrightarrow Y$ から射 $X \longrightarrow G_A(Y)$ への対応 φ を考えてみよう．ψ での状況を見るに，こっちは $\eta_X : X \longrightarrow G_A F_A(X)$ が関わってくるだろうことが君でも予想できるだろう．

N：たしかに，射 $f : F_A(X) \longrightarrow Y$ に対し，$G_A(f)$ を考え，これを η_X と合成すれば X から $G_A(Y)$ への射が得られるな．つまり，$\varphi(f) = G_A(f) \circ \eta_X$ ということで良いのか？

S：そうだな．実際，φ と ψ とは完全に逆向きの一対一対応となっている．つまり，$\psi(\varphi(f)) = f$ であるし $\varphi(\psi(g)) = g$ となる．

N：とりあえず $\psi(\varphi(f)) = f$ を考えてみるか．定義から
$$\psi(\varphi(f)) = \psi(G_A(f) \circ \eta_X) = \varepsilon_Y \circ F_A(G_A(f) \circ \eta_X)$$
$$= \varepsilon_Y \circ F_A G_A(f) \circ F_A(\eta_X)$$

で，これが f 自身と一致するかというのだが，ああ，君が描いていたあのややこしい図式の右上部分が使えるようだな：

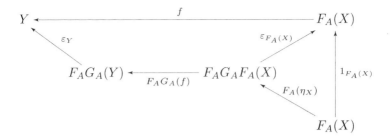

この図式は可換だから，$\varepsilon_Y \circ F_A G_A(f) \circ F_A(\eta) = f \circ 1_{F_A(X)} = f$ となる．よって $\phi(\varphi(f)) = f$ がわかるな．ああ疲れた，あとは知らん．

S：やれやれ．こっちだって疲れているのだぞ．いま示した式の f のところに $\phi(g)$ を代入してみれば，$\phi(\varphi(\phi(g))) = \phi(g)$ となる．ところで先程の議論でも重要だった通り，冪の定義が要請する「射の一意性」は「ϕ で同じ射に移ってくる射は同じもの」だと言っているのだから，$\varphi(\phi(g)) = g$ だといえる．というわけでめでたく，この $F_A(X) \to Y$ と $X \to G_A(Y)$ との間の「深い関係」は一対一に対応している関係だったのだとわかる．

N：なるほど，では「本当に深い関係」と呼ぶことにしよう．

3. 随伴

S：君はもう少し語彙力をどうにかしたまえ．いささか冗長とはなるが，忘れてはいけないからちゃんと対応を明示しておこう：

$$
\begin{array}{ccc}
f & F_A(X) \longrightarrow Y & \varepsilon_Y \circ F_A(g) \\
\downarrow{\varphi} & & \uparrow{\phi} \\
G_A(f) \circ \eta_X & X \longrightarrow G_A(Y) & g
\end{array}
$$

特に，$Y = F_A(X)$, $f = 1_{F_A(X)}$ としたときに $\eta_X = \varphi(1_{F_A(X)})$, 同様に $X = G_A(Y)$, $g = 1_{G_A(Y)}$ としたときに $\varepsilon_Y = \psi(1_{G_A(X)})$ となることに注意すれば，それぞれを ψ, φ で移すことによって

$$1_{F_A(X)} = \psi(\eta_X) = \varepsilon_{F_A(X)} \circ F_A(\eta_X)$$
$$1_{G_A(X)} = \varphi(\varepsilon_Y) = G_A(\varepsilon_Y) \circ \eta_{G_A(Y)}$$

が得られる．図式で描けば，次の二つの三角形が可換だということだ：

$$
\begin{array}{ccc}
F_A G_A F_A(X) & \xrightarrow{\varepsilon_{F_A(X)}} & F_A(X) \\
{\scriptstyle F_A(\eta_X)}\Big\uparrow & \nearrow{\scriptstyle 1_{F_A(X)}} & \\
F_A(X) & &
\end{array}
\qquad
\begin{array}{ccc}
& & G_A(Y) \\
{\scriptstyle 1_{G_A(Y)}}\nearrow & & \Big\uparrow{\scriptstyle G_A(\varepsilon_Y)} \\
G_A(Y) & \xrightarrow{\eta_{G_A(Y)}} & G_A F_A G_A(Y)
\end{array}
$$

対象だけを見ると，上手い具合に「ポイントフリー」な形に移行できそうだが，射の方は入り混じっている．そこで，たとえば $F_A(\eta_X)$ については，関手 F_A と自然変換 η とを合成して得られる自然変換 $F_A \eta : F_A \Longrightarrow F_A G_A F_A$ を $(F_A \eta)_X = F_A(\eta_X)$ で定義して用いることにしよう[*2]．するとこれらは自然変換の可換図式として描ける．これら二つの**三角等式** (triangle identity) を用いると，いよ

[*2] これは自然変換同士の**水平合成** (horizontal composition) と呼ばれる合成の特殊例で，一般には二つの自然変換

$$
\mathcal{C} \underset{G_2}{\overset{F_2}{\rightrightarrows}}{\Downarrow\scriptstyle\alpha_2} \mathcal{B} \underset{G_1}{\overset{F_1}{\rightrightarrows}}{\Downarrow\scriptstyle\alpha_1} \mathcal{A}
$$

から

$$
\mathcal{C} \underset{G_2 G_1}{\overset{F_2 F_1}{\leftrightarrows}}{\Downarrow\scriptstyle\alpha_2\alpha_1} \mathcal{A}
$$

を作り出す．本文中の例では関手を恒等自然変換とみなしている．また，これに対して関手圏での合成は**垂直合成**(vertical composition) と呼ばれる．

いよ一般の「随伴」の概念を定義できる．これまでは「積」や「冪」といった自己関手の対を例に考えてきたわけだが，より一般には次のような形となる：

定義1 圏 $\mathcal{C}$ から圏 $\mathcal{D}$ への関手 F と，$\mathcal{D}$ から $\mathcal{C}$ への関手 G について，自然変換 $\eta : \mathrm{id}_{\mathcal{C}} \Longrightarrow GF$ と自然変換 $\varepsilon : FG \Longrightarrow \mathrm{id}_{\mathcal{D}}$ とが存在し，これらが三角等式

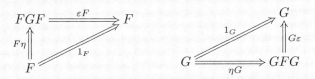

をみたすとき，四つ組 $\langle F, G, \varepsilon, \eta \rangle$ を**随伴** (**adjunction**) と呼ぶ．また ε を**単位** (**unit**)，η を**余単位** (**counit**) と呼ぶ．

N：積と冪との間の「本当に深い関係」にあたるものが明らかでないようだが．

S：君，まだその言い方を続ける気かね？ まあそれはおいておくとして，問題ない．X を $\mathcal{C}$ の対象，Y を $\mathcal{D}$ の対象として，$\mathcal{D}$ での射 $f : F(X) \longrightarrow Y$ を考えよう．積と冪との関係について調べていたのと同じく，$\mathcal{C}$ での射 $X \longrightarrow G(Y)$ を対応させる φ を

$$\varphi(f) = G(f) \circ \eta_X$$

で定める．また，$g : X \longrightarrow G(Y)$ から $F(X) \longrightarrow Y$ への対応 ψ を

$$\psi(g) = \varepsilon_Y \circ F(g)$$

で定める．このとき $\varphi(\psi(g))$ は，η の自然性から

$$\varphi(\psi(g)) = G(\varepsilon_Y) \circ GF(g) \circ \eta_X = G(\varepsilon_Y) \circ \eta_{G(Y)} \circ g$$

と変形できるが，三角等式からこれは g だ．同様に $\psi(\varphi(f)) = f$ もいえる．すなわち

> **定理2** 随伴 $\langle F, G, \varepsilon, \eta \rangle$ に対しては，$\mathcal{C}$ での射 $g : X \longrightarrow G(Y)$ と
> $\mathcal{D}$ での射 $f : F(X) \longrightarrow Y$ との間に一対一の対応がある．

　随伴はわれわれの「線型代数」においても非常に重要な役割を果たすので，さらに話すべきことが山ほどあるが，今回のところはここらで一区切りとしておこう．

N：何だかまじめに議論が進みすぎた．

S：酒が足りなかったようだな．では真摯な反省を踏まえて，微発泡の白ワインでも飲みに行こう．

1. 随伴の復習を少々

S：まったく嘆かわしい．

N：急にどうしたんだね，君．

S：前回導入した随伴を振り返りながら話を展開させていこうと思う
のだが，どうせ君は忘れてしまっただろう？ それを見越してあら
かじめ嘆いておいたのさ．

N：ああ，それなら存分に嘆いてくれ．

S：いちいち嘆いていたら海より深い嘆きが必要になるからこの辺で
諦めるとして，さて関手 $F: \mathcal{C} \longrightarrow \mathcal{D}$ と関手 $G: \mathcal{D} \longrightarrow \mathcal{C}$ とについ
て，自然変換 $\eta: \mathrm{id}_{\mathcal{C}} \Longrightarrow GF$ と自然変換 $\varepsilon: FG \Longrightarrow \mathrm{id}_{\mathcal{D}}$ とが存在
し，これらが三角等式

$$1_F = \varepsilon F \circ F\eta$$
$$1_G = G\varepsilon \circ \eta G$$

をみたすとき [*1]，四つ組 $\langle F, G, \varepsilon, \eta \rangle$ を随伴と呼ぶのだった．このとき，
$\mathcal{C}$ の対象 X および $\mathcal{D}$ の対象 Y に基づいた $\mathcal{D}$ の射 $f: F(X) \longrightarrow Y$ を
考えると

[*1] ○は関手圏における射としての自然変換の合成（垂直合成）を表す．

$$\varphi(f) = G(f) \circ \eta_X$$

によって $\mathcal{C}$ の射 $X \longrightarrow G(Y)$ を定めることができた.

N： 逆に，$\mathcal{C}$ の射 $g : X \longrightarrow G(Y)$ に対しては

$$\psi(g) = \varepsilon_Y \circ F(g)$$

で $\mathcal{D}$ の射 $F(X) \longrightarrow Y$ が定まって，三角等式から

$$\phi \circ \varphi(f) = f$$
$$\varphi \circ \phi(g) = g$$

がいえるんだったな.

S： なんだ，一杯ひっかけてきたかのように記憶が明晰ではない
か．射と射との間に一対一の対応があるということがいえたわ
けだが，ここから一歩進めてみよう．$\mathcal{D}$ の射 $f : F(X) \longrightarrow Y$
と射 $f' : F(X') \longrightarrow Y'$ とが，$\mathcal{C}$ の射 $\alpha : X \longrightarrow X'$ および $\mathcal{D}$ の射
$\beta : Y \longrightarrow Y'$ によって

$$
\begin{array}{ccc}
Y & \xleftarrow{\ f\ } & F(X) \\
{\scriptstyle \beta}\downarrow & & \downarrow{\scriptstyle F(\alpha)} \\
Y' & \xleftarrow[\ f'\ ]{} & F(X')
\end{array}
\tag{7.1}
$$

が可換になるように関係しているとしよう．このとき，随伴から
定まる射の一対一対応により，射と射との間の関係はどうなるか
というのが問題だ.

N： φ の作り方と同じく，この図式全体を G で移したものの右側に
η の図式を置けば

$$
\begin{array}{ccccc}
G(Y) & \xleftarrow{\ G(f)\ } & GF(X) & \xleftarrow{\ \eta_X\ } & X \\
{\scriptstyle G(\beta)}\downarrow & & \downarrow{\scriptstyle GF(\alpha)} & & \downarrow{\scriptstyle \alpha} \\
G(Y') & \xleftarrow[\ G(f')\ ]{} & GF(X') & \xleftarrow[\ \eta_{X'}\ ]{} & X'
\end{array}
\tag{7.2}
$$

となる．どちらも可換だから全体として可換だな．

S：つまり，φ は射と射との間の関係性をも保存しているわけだ．同様にして ψ もそうであることがわかるし，またこの可換図式の対応は一対一だ．と，こうなると，射を対象とみなす圏がほしくなってくるではないか．

N：え，そうかなあ．広告会社のように需要をでっちあげているんじゃないかなあ．

マーヴィン：どうしてでっちあげたりするんです？ それでなくても生きていくのはじゅうぶん厄介なのに，なぜさらに厄介ごとをこしらえなくてはならないんですか．[*2]

2. 射圏，そしてその一般化へ

S：この概念を導入することで得られるものは非常に多いから，黙って聴きなさい．まずは手始めに $\mathcal{C}$ の射が成す圏を考えよう．とはいっても我々はすでに $\mathcal{C}$ の射は，圏 **2**，すなわち対象が 2 つで，それぞれの恒等射を除けば一方から他方への射が 1 つだけある圏

$$\mathbf{2} = \boxed{\;\cdot \longleftarrow \cdot\;}$$

から $\mathcal{C}$ への関手とみなせることを知っているから[*3]，「射の成す圏」とは関手圏の一種だ．今後，関手圏を取り扱うことが増えてくるから，圏 $\mathcal{C}$ から圏 $\mathcal{D}$ への関手とその間の自然変換が成す

[*2] ダグラス・アダムス『宇宙の果てのレストラン』（安原和見訳）河出文庫

[*3] 第 5 話参照．

圏を Fun$(\mathcal{C}, \mathcal{D})$ と書くことにしよう．すると，$\mathcal{C}$ の **射圏**（**arrow category**）とは，関手圏 Fun$(\mathbf{2}, \mathcal{C})$ だといえる．

N：「対象」は $\mathcal{C}$ の射に対応する関手で，「射」は自然変換なんだな．

S：圏 $\mathbf{2}$ という単純な圏からの関手を考えているから，自然変換は簡単に書き下すことができる．実際，$f : X \longrightarrow Y$ から $f' : X' \longrightarrow Y'$ への自然変換 α というのは，単に

$$
\begin{array}{ccc}
Y & \xleftarrow{\ f\ } & X \\
{\scriptstyle \alpha_Y}\big\downarrow & & \big\downarrow{\scriptstyle \alpha_X} \\
Y' & \xleftarrow[f']{} & X'
\end{array}
$$

を可換にする $\mathcal{C}$ の射のペア $\langle \alpha_X, \alpha_Y \rangle$ だということが定義からわかるだろう．というわけで，射圏の射は射のペア，あるいは対象を含めて考えれば可換図式そのものといって良いだろう．

N：で，これを随伴の話に適用するのか？ 確かに圏 $\mathcal{C}, \mathcal{D}$ それぞれにおける可換図式は記述できるが，F, G の作用が抜け落ちてしまうんじゃないか？

S：そんな君らしくない鋭い指摘を行うとは，やはり私に黙って一杯ひっかけてきたんじゃないか．抜け駆けは許さんぞ．君の言うとおり，単に射圏を考えているだけでは，外の世界との連絡を取り込むことはできない．たとえば先程から随伴の話で取り上げている射 $F(X) \longrightarrow Y$ というのは，$\mathcal{D}$ の射ではあるけれども $\mathcal{C}$ の対象 X と関手 $F : \mathcal{C} \longrightarrow \mathcal{D}$ とが影響している．$X \longrightarrow G(Y)$ では，余域の方で同様の状況になっている．まとめると，圏 $\mathcal{C}$ の射に直接の興味はありながらも，域，余域は他の圏からの作用で変容するようなものを取り扱いたいわけだ．他の世界からの影響のもつれ

合いを上手く記述できるようにしなければならない．脳が環境と身体からの影響のもつれ合う場として働いている状況を考えるようなものだ．という訳で，域，余域の自由度を高めるべく，関手 $F:\mathcal{A}\longrightarrow\mathcal{C}$ と関手 $G:\mathcal{B}\longrightarrow\mathcal{C}$ を考えて，$\mathcal{C}$ の射 $F(X)\longrightarrow G(Y)$ を「対象」として取り扱うことにしよう．

N：「射」については，射圏でみたような可換図式ということで良いのかな．

S：基本的にはそうだな．「基本的には」というのは，厳密には $\mathcal{A}$ の射と $\mathcal{B}$ の射とのペアとなるから，取扱いには注意しなければならないという意味だ．さて，こうしてできる圏を一般にはコンマ圏と呼ぶ．

N：は？"Coma"？わけがわからなすぎて意識を失ってしまうのか？

S：違う，コンマだ．

N：どちらにせよわけがわからないな．

S：これは，コンマ圏というのが非常に抽象的で，抽象的なものを崇め奉る数学者からすれば高度に神聖なものと捉えられ，名前を付けるのもおこがましいと思わせたからだろうなあ[*4]．例のごとく我々はもっとまともな名前を採用しよう：

[*4] もちろんそんなことは（たぶん）ないのであって，この圏を表す記号のなかにかつて「コンマ (,)」が用いられていたという歴史的な事情による．

定義1 関手 $\mathcal{A} \xrightarrow{F} \mathcal{C} \xleftarrow{G} \mathcal{B}$ について，$\mathcal{C}$ の射 $f : F(X) \to G(Y)$ を，圏 $\mathcal{A}, \mathcal{B}$ からの作用を含めて三つ組 $\langle X, Y, f \rangle$ で表す．これらを対象とし，$\langle X, Y, f \rangle$ から $\langle X', Y', f' \rangle$ への射としては，$\alpha : X \to X'$ と $\beta : Y \to Y'$ との組 $\langle \alpha, \beta \rangle$ で

$$
\begin{array}{ccccc}
Y & \quad & G(Y) \xleftarrow{f} F(X) & \quad & X \\
\beta \downarrow \,\,G & & \downarrow G(\beta) \quad\quad F(\alpha) \downarrow & & \downarrow \alpha \\
Y' & & G(Y') \xleftarrow{f'} F(X') & & X'
\end{array}
$$

を可換にするようなものを考える．こうしてできた圏を<ruby>一般射<rt>コンマ</rt></ruby>圏(comma category)と呼び，$(F \to G)$ で表す．

N：君，またそんな変なルビを使って．

S：ついでに言っておくと，コンマ圏は通常 $(F \downarrow G)$ と記される．

N：またそうやって体制に対する反抗心を剥き出しにしてしまう．

S：ふん，本来なら

$$
\mathcal{A} \xrightarrow{F} \mathcal{C} \xleftarrow{G} \mathcal{B}
$$

くらい描いてしまいたいところを抑えているんだ．それにこれなら，文字通り右も左もわからない初学者がどちらからどちらへの射を考えているかがわかって良いだろう，わはは．

N：まあ，向きがわかるのは良いことだ．それにこういう記法にしておけば，場合に応じて $(F \to G)$ を $(G \leftarrow F)$ と書いたってよいことになるだろうしな．方向性にとらわれる必要がない．それはそうと，こんな圏を考えて何が楽しいんだ？

3. 一般射圏（コンマ）は楽しい

S： うん，今から言おうとしていたところだ．まず，(7.1) なんかは $(F \to \mathrm{id}_{\mathcal{D}})$ における射 $\langle \alpha, \beta \rangle : \langle X, Y, f \rangle \longrightarrow \langle X', Y', f' \rangle$ を表しているのはすぐわかるだろう．

N： (7.2) は $(\mathrm{id}_{\mathcal{C}} \to G)$ の射だな．

S： そうだ．では，一般射圏（コンマ）の立場から，随伴について整理してみよう．まず前回までの議論で，随伴 $\langle F, G, \varepsilon, \eta \rangle$ から定まる φ, ψ は，一般射圏（コンマ）$(F \to \mathrm{id}_{\mathcal{D}})$ の対象と $(\mathrm{id}_{\mathcal{C}} \to G)$ の対象との一対一対応だと言い換えることができる．今回新たにわかったことは，これらは単なる対象間の対応ではなく射を含めた対応であるということで，要は φ, ψ は一般射圏（コンマ）間の関手だということだ．しかも三角等式は，φ, ψ を関手とみれば

$$\psi\varphi = \mathrm{id}_{(F \to \mathrm{id}_{\mathcal{D}})}$$
$$\varphi\psi = \mathrm{id}_{(\mathrm{id}_{\mathcal{C}} \to G)}$$

を意味する．圏を対象とし，関手を射とする「圏の圏」を考えれば，これは φ, ψ が同型射で，$(F \to \mathrm{id}_{\mathcal{D}})$ と $(\mathrm{id}_{\mathcal{C}} \to G)$ とが同型であると言い換えられる．しかも (7.1)，(7.2) からわかる通り，同じ $\mathcal{C}$ の射 $X \xrightarrow{\alpha} Y$ と $\mathcal{D}$ の射 $X' \xrightarrow{\beta} Y'$ との組で表される対象同士が対応している[*5]．逆に φ, ψ がこのように $\mathcal{C}, \mathcal{D}$ の射の組と整合的な同型射だという仮定から出発すると，

$$\eta_X = \varphi(1_{F(X)})$$
$$\varepsilon_Y = \psi(1_{G(Y)})$$

[*5] 本書では取り扱っていない概念であるが，「圏の積」の標準的な射と可換であるということ．

によって自然変換 η, ε を定めることができる[*6]．射 $f : F(X) \longrightarrow Y$ をとり，対応

$$
\begin{array}{ccc}
\langle X, F(X), 1_{F(X)} \rangle & \xrightarrow{\quad \varphi \quad} & \langle X, F(X), \eta_X \rangle \\
{\scriptstyle \langle 1_X, f \rangle} \downarrow & & \downarrow {\scriptstyle \langle 1_X, f \rangle} \\
\langle X, Y, f \rangle & & \langle X, Y, \varphi(f) \rangle
\end{array}
$$

を考えると，φ の行き先は $\mathcal{C}$ の可換図式

$$
\begin{array}{ccc}
GF(X) & \xleftarrow{\;\eta_X\;} & X \\
{\scriptstyle G(f)} \downarrow & & \downarrow {\scriptstyle 1_X} \\
G(Y) & \xleftarrow[\varphi(f)]{} & X
\end{array}
$$

であり，ここから $\varphi(f) = G(f) \circ \eta_X$ と，φ の作用は η_X によって一意に決定されてしまう．同様に $\psi(g) = \varepsilon_Y \circ F(g)$ で，φ, ψ が同型射であることと合わせて三角等式が得られる．よって

定理 2　随伴 $\langle F, G, \varepsilon, \eta \rangle$ から定まる φ, ψ は一般射圏（コンマ）$(F \to \mathrm{id}_{\mathcal{D}})$ と $(\mathrm{id}_{\mathcal{C}} \to G)$ との間の $\mathcal{C}, \mathcal{D}$ の射の組と整合的な同型を与える．逆にこのような同型は随伴を定める．

と，随伴を一般射圏（コンマ）を用いて特徴付けることができる．これは Lawvere が "Functorial Semantics of Algebraic Theories and Some Algebraic Problems in the context of Functorial Semantics of Algebraic Theories" において　一般射圏（コンマ）の概念を導入しつつ示したことだ．

[*6] これらが自然であることは，φ, ψ で移す前の図式の可換性からわかる．

4. 極限再訪

N: なるほど，一般射圏〔コンマ〕は随伴を記述するのに便利な概念のようだな．

S: 有用さはこれだけにとどまらない．我々がぼんやりとやりすごした「普遍性」や「極限，余極限」の概念を精確に定義できるんだ．まず普遍性については「何らかの条件をみたす射が一意に存在するという性質」とだけ説明していたが [*7]，これは

> **定義 3** 何らかの一般射圏〔コンマ〕の始対象あるいは終対象として特徴付けられるような性質を**普遍性**(universal property) という．

と言い換えられる．今までに出てきた圏論らしい概念，たとえば積や余積，引き戻しや押し出し，もっと一般に言って極限や余極限はすべて普遍性を持った概念だ．圏 $\mathcal{C}$ における「型 $\mathcal{J}$ の図式」とは $\mathcal{J}$ から $\mathcal{C}$ への関手だったから，関手圏 $\mathrm{Fun}(\mathcal{J}, \mathcal{C})$ の対象だ．図式の特別な場合として，$\mathcal{J}$ のすべての対象を $\mathcal{C}$ のある対象 N に，射を恒等射 1_N に移す「定図式」というものが考えられる．「定数関数」の図式版だと思ってもらえば良い．定図式はターゲットとなる対象 N を定めるごとに定まるから，この定まり方を $\mathcal{C}$ から $\mathrm{Fun}(\mathcal{J}, \mathcal{C})$ への対応として考えることができる．この対応が，射についての対応も自然に定まって関手となることはすぐにわかるが，これを**対角関手**(diagonal functor) と呼び，Δ と書く．圏 $\mathcal{C}$ を明示したいときは $\Delta_{\mathcal{C}}$ と書こう．さて，型 $\mathcal{J}$ の図式 D を考えると，これは $\mathrm{Fun}(\mathcal{J}, \mathcal{C})$ の対象なわけだが，ただ一つの対象と付随

[*7] 第 2 話参照．

する恒等射のみから成る圏 **1** からの関手であるとみなしてしまお
う．こうすると，Δ と D とはともに $\mathrm{Fun}(\mathcal{J},\mathcal{C})$ への関手で，これ
らを基にした一般射圏を考えることができる．この上で「極限」，
「余極限」を定めよう．

定義 4 一般射圏 $(\Delta \to D)$ の終対象を D の**極限**（**limit**）と呼ぶ．
また一般射圏の対象を表す三つ組に現れる $\mathcal{C}$ の対象のことも D
の極限と呼び，$\lim D$ と表す．双対的に，$(D \to \Delta)$ の始対象を
D の**余極限**（**colimit**）と呼ぶ．対応する $\mathcal{C}$ の対象のこともまた余
極限と呼び，$\mathrm{colim}\, D$ と表す．

極限 $\lim D$ についての条件を言い換えれば，終対象を $\langle \lim D, \cdot, e \rangle$
としたとき[*8]，$\mathrm{Fun}(\mathcal{J},\mathcal{C})$ の任意の射 $f : \Delta(N) \to D$ に対して，$\mathcal{C}$ の
射 $u : N \longrightarrow \lim D$ で

$$\begin{array}{ccc}
\Delta(N) & & \\
{\scriptstyle \Delta(u)}\downarrow & \searrow^{f} & \\
\Delta(\lim D) & \xrightarrow{e} & D
\end{array}$$

を可換にするものが一意に存在する，となる[*9]．$\mathcal{J}$ として，対象を
2 つ持ち，恒等射以外の射を持たない圏 $\boxed{\cdot \quad\quad \cdot}$ を考えると極限
は積になるなど，$\mathcal{J}$ を取り換えることで今まで考えてきた極限，
余極限をすべて網羅できる．さて，これでいよいよ随伴，極限，
余極限の間の関係を調べることができる．

[*8] 圏 **1** の対象を・で表している．

[*9] 射 $\Delta(N) \to D$ から射 $N \to \lim D$ が一意に定まるという状況は，積と冪との関係
を思い起こさせるが，実際 $\Delta, \lim$ から随伴を定めることができる．

N：なんだってそんなことをしなくちゃいけないんだ．

S：何を暢気な．我々はそもそも線型代数について話し始めたのだ
ぞ．線型代数の根幹となるのはいわゆる分配法則

$$(b+c) \times a = (b \times a) + (c \times a)$$

であるのに，これを示さないでどうする．

N：僕はいま<ruby>驚<rt>タウマゼイン</rt></ruby>異の念に襲われた．延々と圏の話をしているとい
うのに，まさか君が線型代数の話をしようとしていた当初の使命
感を忘れないでいたとは．

S：むろん片時も忘れたことはない．そもそも抱いてもいない使命感
を忘れることはできないからな．まあ，<ruby>驚<rt>タウマゼイン</rt></ruby>異のほかに哲学の源
はないというのだから，ともかくよかったよかった．

N：そんなことより，この分配法則と随伴の話がどうつながるのか，
皆目わからんぞ．

S：まあまあ，焦ることはない．長浜産のクラフトビール「伊吹ヴァ
イツェン」でも飲みながら，続きはまた今度語るとしよう．

1. 有限極限の存在

S：さあ，今回はいよいよ分配法則

$$(b+c) \times a = b \times a + c \times a$$

の話に取り掛かるとしよう．

N：ずいぶんと長いことかかったなあ．

S：それだけこの法則が「深い」ということだ．線型代数の出発点であるというだけでも深いが，あとで見るように「随伴」や「極限，余極限」という圏論の根本概念が見事に結びつく典型例でもあって更に深い．

N：2深ポイント獲得だな．

S：なんだそれは．何はともあれ，図式の「極限」について復習することから始めよう[*1]．一般に，圏 $\mathcal{C}$ における「型 $\mathcal{J}$ の図式 D」は，関手 $\mathcal{J} \to \mathcal{C}$ として考えられる．これはつまり関手圏 $\mathrm{Fun}(\mathcal{J},\mathcal{C})$ の対象であるから，圏 1 から $\mathrm{Fun}(\mathcal{J},\mathcal{C})$ への関手 $1 \to \mathrm{Fun}(\mathcal{J},\mathcal{C})$ とも見なせるのだった．すると，前回定義した「対角関手」$\Delta: \mathcal{C} \to \mathrm{Fun}(\mathcal{J},\mathcal{C})$ からこの図式 $D: 1 \to \mathrm{Fun}(\mathcal{J},\mathcal{C})$ への<ruby>一般射<rt>コンマ</rt></ruby>

[*1]　双対性を用いると「余極限」についての復習にもなる

圏 $(\Delta \to D)$ を考えることができるが，この圏における終対象こそが D の極限だ，というわけだった．この認識が分配法則の話においてもカギになってくるのだが，その前にもう少し詳しくこの圏 $(\Delta \to D)$ 自身について見ておこう．

N： $\langle X, \cdot, x \rangle$ が $(\Delta \to D)$ の対象であるというのは，言い換えれば x が自然変換 $\Delta(X) \Longrightarrow D$ なのだということだったな [*2]．つまり，$\mathcal{J}$ の任意の対象 i に対して $\mathcal{C}$ の射 $x_i : X \longrightarrow D(i)$ があって，$\mathcal{J}$ の任意の射 $\alpha : i \longrightarrow j$ に対して

が可換になる．

S： 一つ目の条件はいかにも積と相性が良さそうではないか．もし $\mathcal{C}$ に，$\mathcal{J}$ の対象すべてにわたる積 $P_{\mathrm{obj}} = \prod_{i \text{は} \mathcal{J} \text{の対象}} D(i)$ が存在すれば，この条件は単に「射 $\bar{x} : X \longrightarrow P_{\mathrm{obj}}$ が存在すること」と言い換えられる．P_{obj} から $D(i)$ への自然な射を p_i とすれば $x_i = p_i \circ \bar{x}$ ということで，これを考えると二つ目の条件は，$\mathcal{J}$ の任意の射 $\alpha : i \longrightarrow h$ に対して

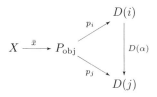

が可換であることと言い換えられる．先程と同じように積の立場

からこの条件を見直せば，これは結局のところ $D(j)$ への二通りの
射の存在とそれらが一致することとを主張していると言える．

N： 今度は $\mathcal{J}$ の射についての条件だから，$\mathcal{J}$ の射すべてにわたる積
が必要になるのか？

S： そうだな．射が主役だから $j = \mathrm{cod}(\alpha)$ と表して，積
$P_{\mathrm{arr}} = \displaystyle\prod_{\alpha \text{は} \mathcal{J} \text{の射}} D(\mathrm{cod}(\alpha))$ の存在を仮定しよう．すると，各 α に対
して P_{obj} から $D(\mathrm{cod}(\alpha))$ へ二通りの射が存在することは，P_{obj} か
ら P_{arr} への二本の射

$$P_{\mathrm{obj}} \underset{g}{\overset{f}{\rightrightarrows}} P_{\mathrm{arr}}$$

の存在を意味する．ここで f, g は，P_{arr} から $D(\mathrm{cod}(\alpha))$ への自然
な射を π_α としたとき，

$$\pi_\alpha \circ f = D(\alpha) \circ p_{\mathrm{dom}(\alpha)}$$
$$\pi_\alpha \circ g = p_{\mathrm{cod}(\alpha)}$$

をみたすそれぞれただひとつの射とする．というわけで，長く
なったが，$\langle X, \cdot, x \rangle$ が $(\Delta \to D)$ の対象であるためには

$$X \xrightarrow{\bar{x}} P_{\mathrm{obj}} \underset{g}{\overset{f}{\rightrightarrows}} P_{\mathrm{arr}}$$

が可換であれば良いことがわかった．言い換えれば，方程式
$f \circ \bar{x} = g \circ \bar{x}$ の解であれば良いということだな．

N： ほう，そうか．

S： ここまであからさまに言い換えて，その上で君が言えることは
「ほう，そうか」だけなのか？ ここは明らかに 解^{イコライザ} の出番じゃない
か．

N: ああなるほど，極限はこういったものたちの終対象だから，平行射 f, g の解（イコライザ）があればそれが極限になるのか．

S: そういうことだ．まとめると，$\mathcal{J}$ の対象や射にわたる積，対応する平行射についての解（イコライザ）が存在すれば極限は存在するといえる．特に以前証明抜きで述べた [*3]

> **定理1** $\mathcal{C}$ が有限積を持ち，任意の平行射に対して解（イコライザ）を持てば，任意の有限極限が存在する．

ことがわかった．これで極限については一区切りだ．双対性を活用すれば余極限についてもわかる．さあ，随伴についてあと少し述べればいよいよ分配法則の話が出来る．

2．分配法則

N: え，まだ必要なものがあったのか？一般射圏（コンマ）を用いた極限の定式化だけで済むと思って話を聴いていたというのに，つまり君は，僕を故意に錯誤に陥らせて貴重な時間を奪っていったということか？

S: なんだ，またややこしいいちゃもんを．最初から随伴が必要だと言っているではないか．勝手に勘違いする方がおかしい．関手 $\mathcal{C} \underset{G}{\overset{F}{\rightleftarrows}} \mathcal{D}$ が随伴 $\langle F, G, \varepsilon, \eta \rangle$ を定めているとして，$\mathcal{C}$ における型 $\mathcal{J}$ の図式 $D: \mathcal{J} \to \mathcal{C}$ を考えよう．これに F を合成すると $\mathcal{J}$ から

[*3] 第3話参照.

$\mathcal{D}$ への関手 FD が得られるけれど，これは圏 $\mathcal{D}$ における型 $\mathcal{J}$ の図式ともいえる．これの余極限 $\mathrm{colim}\, FD$ がどうなるかというと，実は $F\,\mathrm{colim}\, D$ に同型となる．このことを「F は余極限を**保存する（preserve）**」という．つまり F は，同型を同一視すれば「余極限を考える」という操作と可換だということだ．

N： ふうん，それがどうした．

S： どうも酒が足らないようだな．$F_A(X)=X\times A,\ G_A(X)=X^A$ として随伴 $\langle F_A, G_A, \varepsilon_A, \eta_A\rangle$ を考えてみよう．$\mathcal{J}=\boxed{\bullet\quad\bullet}$ とし，図式 $D:\mathcal{J}\longrightarrow\mathcal{C}$ を，$\mathcal{J}$ の対象をそれぞれ $\mathcal{C}$ の対象 B,C にうつすものとすると，$\mathrm{colim}\, D=B+C$ となる [*4]．このとき，余極限の保存から

$$(B+C)\times A = F_A(\mathrm{colim}\, D) \cong \mathrm{colim}\, F_A D = (B\times A)+(C\times A)$$

が従う．

N： おお，なるほど．こうして得られた

$$(B+C)\times A \cong (B\times A)+(C\times A)$$

というのが「分配法則」というわけか．普通に学校で習う分配法則は，「同型」でなく「等号」になっているけれど．

S： むしろ，通常の算数はこのような「同型」を「等号」とみなすことから出発している，というべきだろう．考えてみれば，算数でも長方形の面積図か何かを作って説明するのだろうが，「ひとつの大

[*4] 細かいことの気になる人にとって，この "=" は「気持ち悪い」かもしれない．というのも，余極限（その特殊例としての余積）は一意に定まるわけではないからである．読者は以下の議論を自分自身の納得のいくように書き直すことを通じて，「"=" と書いても問題がない」ことの理由を考えてみてほしい．こうした些細なことを通じて「圏論」の感覚がわかっていく気がする（たとえば，「関手」は同型射を同型射にうつす，というのはわかってしまえば「当たり前」なのだが，初学者がつまづきやすい点でもある）．

きな長方形」と「ふたつの長方形の合併」が，「あらゆる意味で同じ」はずはなく，むしろその「同型」を「同じとみる」ところに量概念の出発点がある．

N： そもそも我々の話が恐ろしい圏沼の深みにはまってしまったのも，「量とはなにか」という問いからだったな．

S： そうだ．実をいうと，今話題にしていることは必ずしも「哲学」だけにとどまる話ではなく，数学の手法としての「圏化（categorification）」というものとも関係しているのだが，話しているときりがなくなるから，この辺にしておこう．ええと，何の話をしていたのだったか．

3. 極限，余極限の保存

N： 分配法則が，「随伴 $\langle F, G, \varepsilon, \eta \rangle$ があるとき，この F は余極限を保つ」という事実から導かれる，という話だった．しかしそもそもこの事実自身はどうやって証明すれば良いんだ？

S： 実をいうと，核心のアイデア自体は単純だ．余極限のもっとも単純な例は始対象だろう．そうすると，上の事実の「もっとも簡単な例」は，「始対象を F でうつしたものもまた始対象である」ということになる．これぐらいならいくら君でも，素面で証明できるだろう．

N： ふん，アルコールを含まない僕の脳の働きの鈍さに油断していると痛い目を見るぞ．I が始対象であるとしよう．すると当然ながら，任意の Y について，I から $G(Y)$ にただひとつの射がある．ところで随伴は，「I から $G(Y)$ への射の集まり」と「$F(I)$ から Y へ

の射の集まり」のあいだに一対一対応を与えるんだから，まとめると，「任意の Y について $F(I)$ から Y にただひとつの射が存在する」．つまり $F(I)$ は始対象だ．なんだこれは．簡単すぎてわけがわからん．

S：ふむ．君の脳はややこしいほうがわかるらしいから，むしろ余極限一般について考えてみたまえ．とはいえ，一般の余極限もまた一般射圏 $(FD \to \Delta_D)$ の始対象だから，今君が言ったことを「うまく持ち上げる」ことを考えればそれで済むのだが．

N：とりあえずは一般射圏 $(FD \to \Delta_D)$ の対象について考えれば良いわけか．$(FD \to \Delta_D)$ の対象 $\langle \cdot, N, \tau \rangle$ を任意にとると，要するにこれは自然変換 $\tau : FD \Longrightarrow \Delta_D(N)$ だ．

S：$\mathcal{J}$ の射 $\alpha : X \longrightarrow Y$ を任意にとって，この自然変換を作用させて $\mathcal{D}$ の可換図式を作ると，随伴によって $\mathcal{C}$ の可換図式が得られる：

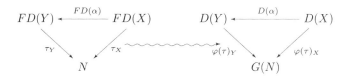

ここでこの随伴における射の一対一対応を φ で表し，$\varphi(\tau_X)$ のことをあえて $\varphi(\tau)_X$ と書いた．左側が可換図式であることと随伴の性質より，右側の図式も可換となるが，これはつまり対応 $\varphi(\tau) : X \longmapsto \varphi(\tau)_X := \varphi(\tau_X)$ が自然変換 $\varphi(\tau) : D \Longrightarrow \Delta_{\mathcal{C}}(G(N))$ を定めることを意味する．

N：ということは，これは一般射圏 $(D \to \Delta_{\mathcal{C}})$ の対象 $\langle \cdot, G(N), \varphi(\tau) \rangle$ とみなせるな．

S：そうだ．ここでもしも $(D \to \Delta_{\mathcal{C}})$ の始対象 $\langle \cdot, \mathrm{colim}\, D, m \rangle$ が存在

するならば，そこからの一意な射を $\langle \cdot, u \rangle$ として^{*5}，$\mathrm{Fun}(\mathcal{J},\mathcal{C})$ の可換図式が得られる：

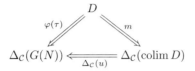

これもまた $\mathcal{J}$ の射 $\alpha\colon X \longrightarrow Y$ に作用させて $\mathcal{C}$ の可換図式として描けば，随伴を先ほどとは逆向きに用いて，対応 φ の逆対応 ψ を通じて，今度は以下のような $\mathcal{D}$ の可換図式を得る：

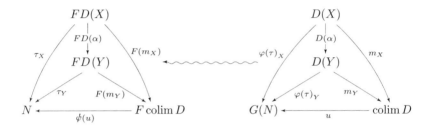

そしてこの左側の図式は $\mathrm{Fun}(\mathcal{J},\mathcal{D})$ の可換図式を表しているわけだ：

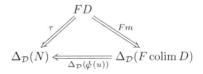

N：これは一般射圏 $(FD \to \Delta_{\mathcal{D}})$ の射 $\langle \cdot, F\,\mathrm{colim}\,D, Fm \rangle \xrightarrow{\langle \cdot, \phi(u) \rangle} \langle \cdot, N, \tau \rangle$ を表しているな．u の一意性や図式の対応が一対一ということから射 $\langle \cdot, \phi(u) \rangle$ の一意性が従うから，$F\,\mathrm{colim}\,D$ は $(FD \to \Delta_{\mathcal{D}})$ の始対象で $\mathrm{colim}\,FD \cong F\,\mathrm{colim}\,D$ だ．

---

^{*5} 圏1における射もまた・で表している．

S： 双対的に G と極限との間にも同様の関係が言えて，まとめると

定理2　関手 $\mathcal{C} \underset{G}{\overset{F}{\rightleftarrows}} \mathcal{D}$ が随伴 $\langle F, G, \varepsilon, \eta \rangle$ を定めているとき，F は余極限を保存し，G は極限を保存する．

となる．

N： さっきの積と冪との随伴でいえば $\lim D = B \times C$ だから，極限の保存からは

$$(B \times C)^A = G_A(\lim D) \cong \lim G_A D = B^A \times C^A$$

が従う．これも大切な「算数」だな．

4. カルテジアン閉圏

S： さて，こうして分配法則も示せたことだから，あと一歩で線型代数の「本題」に入ることができる．

N： なんと，まだあと一歩あるのか？　そのように「一歩一歩また一歩」というのでは付き合いきれんなあ．

S： だって君，これまでは「集合圏」が「ある」ということを仮定して話を進めてきたわけだし，集合圏は線型代数どころか数学全般にとってもひとつの「共通の土台」を与えるものなのだが，「そもそも集合圏とは何か」ということに何も答えていないではないか．

N： え，ようやく圏論の話がひと段落かと思ったら，今度はまさかあの荘厳なる「集合論」の話を始めるのか？　面倒だなあ．

S： もちろんそうしたって良いだろうが，我々はもっと気楽な道を行

こう．集合論を重厚に展開してから集合圏の話をするのではなく，「集合圏というのはこれこれこういう性質をもつ圏である」というふうに定義してしまうのだ．

N：つまり，なにがしかの圏として集合圏を定義し，その対象が「集合」だと言い切ってしまうのだな．たしかに，「射」は否が応でも写像を意識させる概念だし，各対象を「終対象からの射」＝「要素」を受け入れる容器のようにイメージすれば，確かに「ものの集まり」としてのイメージにはなるな．

S：そうそう．もちろん一般の圏には終対象があるとは限らないし，あったとしても「終対象からの射」の集まりだけで対象が特定できるわけでもない．終対象からの射はひとつもないくせに，豊かな構造をもつ対象があるなんていう圏のほうがほとんどだ．

N：点がひとつもない空間みたいなものか．なかなか愉快だ．

S：愉快だし，そういうものがとても大切なんだが，「集合圏」というのはそういう圏とは違って，「要素だけで情報が尽きる」ような圏でなければならないだろう．もちろん，集合から新しい集合を創る手続きもちゃんと決めておかねばならない．

N：なんだかやっぱり面倒そうだなあ．

S：いやいや，実は我々はほとんどの仕事をすでに終えているんだ．たとえば「有限積」および「冪」は散々苦労して圏論的に定式化してきた．これらはまさに「集合から新しい集合を創る手続き」として活用できるではないか．

N：なるほど，「集合圏とは，有限積と冪をもつ圏である」とでもすればよいのか．

S：実はそれだけでは足らない．しかし，「有限積と冪をもつ圏」とい

うのは，確かに「集合圏っぽい圏」のある特性を照らし出していて，名前がついている．**カルテジアン閉圏**（**Cartesian closed category; CCC**）というのだ[*6]．以前に話した「命題を対象とし，証明を射とする圏」もその例だ．「かつ」を積と思い，「ならば」を冪と思うと確かにそうなっていることがわかるだろう[*7]．

N：計算機分野で言う「型付きラムダ計算」というのも本質的には CCC の話なんだと聞くが．

S：あと，「圏を対象とし，関手を射とする圏」**Cat** を考えれば，これも CCC だ．ちなみにここでの冪対象は関手圏にほかならない[*8]．あ，もちろん，**Cat** を「文字通りすべての」圏を対象とする圏と考えるとすぐパラドクスに陥るから，たとえば「**Cat** とは，これこれの条件を満たす CCC である」とでも定義して出発したら良いのだろうな．まあそこまで話を進めるつもりはないけれど．

N：基礎というのはいつもこんなふうに「執って仮設する」ものなのだとわかればそれで良いのではないか．で，結局集合圏というのはどんな圏と定義すれば良いんだ？

S：まあまあ，我々も随分話し過ぎたから今回はおひらき，また来月の愉しみとして，「ひやおろし」の燗でも飲みに出かけようではないか．

[*6] 「カルテジアン」は，ルネ・デカルトの偉大な業績である「座標幾何」に敬意を表して付けられた，直積の別名「デカルト積（Cartesian Product）」から．「デカルト」はフランス名でラテン名が「カルテシウス」のため，英語圏では「カルテジアン」が用いられる．

[*7] 第 13 話参照．

[*8] 積はもちろん，「対象の組を対象とし，射の組を射とする」圏でよい．

1. トポス

S：前回は，集合論で使える操作を備えているということで，有限積と冪とを持った圏をカルテジアン閉圏，略して CCC と名付けて終わったのだった．今回はいよいよ集合論の話をしよう．

N：集合論かあ，大変そうなものの代名詞だなあ．家訓で集合論にだけは関わってはいけないとされているんだ．

S：ほう，なかなか賢明な家訓だな．だが我々がここで扱う「集合論」はもっとゆるいものだから安心してくれ．

N：「ゆるふわ集合論」とでも名付けて発表すれば，一儲けできるんじゃないか．

S：なんて汚れた心を持っているんだ，君は．数学者にでもなるしかないな．

N：一儲けのためにも，話を進めないと．確か，CCC は集合論に必要な要素を備えているけれど，まだ足りないものがあるというところで終わったんだったな．

S：一つは今まで定義してきた積，余積を初めとした有限極限，有限余極限だな．これらを要請することで様々な操作が自由に行える．もう一つは，今まさに要請した有限極限の一つである引き戻

しに深く関係した「部分集合」と「性質」の対応関係だ.

N：「A の部分集合」は A への単射として捉えられるという話だったな. そして A 上の性質, つまり A の要素についての性質は, 2 点集合 $2 = \{\text{True}, \text{False}\}$ への写像, すなわち特性写像 [*1] として捉えられるということだった.

S：そうすると, A 上の性質 $P : A \longrightarrow 2$ が与えられたとき,「性質 P をみたす要素からなる A の部分集合 $\{x \in A \mid P(x)\}$」というものが考えられる. 要は $\text{True} : 1 \longrightarrow 2$ の P による「逆像」だ.

N：ということは, 公理から存在を保証された有限極限の典型である引き戻し

における B をそういった部分集合と思えば良いわけだな. 圏論的には, 部分集合は射 $\imath$ だというべきかもしれないが.

S：そうだ. $\text{True} : 1 \longrightarrow 2$ は単射で, 一般に単射の引き戻しは単射だから, これも部分集合といえるわけだ. ともかくこうして, 性質から部分集合を定めることができるわけだが, 逆に部分集合から性質を定めることができるか, という問題が浮上する.

N：それはまあ, できてもらわないと困るな. A の各要素に対して B に含まれているかそうでないかの判定を行えば, それは特性写像 $A \longrightarrow 2$ を定義するはずなんだから.

[*1] その性質をみたす要素には True, 満たさない要素には False を対応させる写像のこと.

S：そうだ．つまり集合圏は，以下の性質をみたす圏でなければならない：

> 任意の包含写像 $\iota : B \longrightarrow A$ に対して，次の図式が引き戻しとなるような特性写像 χ が一意に存在する：

$$
\begin{array}{ccc}
B & \xrightarrow{\;!_B\;} & 1 \\
{\scriptstyle \iota}\downarrow & & \downarrow{\scriptstyle \text{True}} \\
A & \xrightarrow{\;\chi\;} & 2
\end{array}
$$

ここで射 $\text{True} : 1 \longrightarrow 2$ が，「性質」と「その性質をみたすもの全体」とを結び付ける大切な役割を果たすことに注意しよう．この「内包」と「外延」とを結び付ける射のことを「部分対象分類子」と呼んでいる．正確に定義すれば以下のようになる：

定義 1 終対象 1 をもつ圏 $\mathcal{C}$ の射 $\text{True} : 1 \longrightarrow \Omega$ が次の性質をみたすとき，これを**部分対象分類子**（**subobject classifier**）と呼ぶ．

> 任意の単射 $m : B \longrightarrow A$ に対して，次の図式が引き戻しとなるような**特性射**（**characteristic morphism**）χ_m が一意に存在する：

$$
\begin{array}{ccc}
B & \xrightarrow{\;!_B\;} & 1 \\
{\scriptstyle m}\downarrow & & \downarrow{\scriptstyle \text{True}} \\
A & \xrightarrow{\;\chi_m\;} & \Omega
\end{array}
$$

この部分対象分類子の概念を用いれば，ついに「集合論的な操作が行える圏」の概念を定めることができる．

> **定義2** 有限極限，有限余極限，冪および部分対象分類子を
> もつ圏を**トポス**（topos）と呼ぶ．

N： なるほど，要するにトポスは CCC プラスアルファで，特に「部
分集合」がうまく扱えるものだということだな．

S： そうだ．ちなみに，より強い条件をみたす「トポス」も存在して
いて，これらと区別する場合には**初等トポス**（elementary topos）
と呼ぶ．そしてトポスの記号にはこの頭文字をとって $\mathcal{E}$ を使うこ
とが多い．ところで実を言うと，有限余極限の存在は仮定しなく
ても他の性質から導ける．これは数学的には極めて有用な結果な
のだが，この部分の証明には非常に色々なことが必要であるから，
ここは定義に含めてしまうことにする．さて，トポスがもつ性質
をいくつか見ていこう．まず，トポスに限らず一般の圏において
解^{イコライザ}は単射だが，

> **定理3** トポスにおいて，単射はある平行射の解^{イコライザ}になる．

実際，単射 $m:B \longrightarrow A$ に対しては部分対象分類子の定義にある
通りの可換図式が描けるけれど，ここに $!_A:A \longrightarrow 1$ を描き込めば

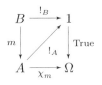

という可換図式が得られる．

N：「描き込むと」となどと一言で済ましてしまうとは，まったく君
は．まず対象 A から終対象 1 への一意な射 $!_A$ が存在することか
ら，m と合成することで B から 1 への射 $!_A \circ m$ が得られるな．B

から 1 への射は $!_B$ のみなので $!_A \circ m = !_B$ で

$$\text{True} \circ !_A \circ m = \text{True} \circ !_B = \chi_m \circ m$$

がいえる．あとは引き戻しの一意性を合わせれば，なるほど m は

平行射 $A \xrightarrow[\chi_m]{\text{True} \circ !_A} \Omega$ の 解（イコライザ）であるようだな．

S：定義からすぐ出てくることなんだが，これは実はトポスがもつ非
常に特徴的な性質を示すための第一歩なんだ．同型射は単射かつ全
射だけれど，以前述べたように逆は一般の圏では成り立たない[*2]．
だが，トポスにおいては集合の場合と同じく逆が成り立つんだ．

N：トポスにおける全単射 $f : X \longrightarrow Y$ を考える．これは単射だから，
ある平行射 $Y \xrightarrow[\beta]{\alpha} Z$ の 解（イコライザ）だ．$\alpha \circ f = \beta \circ f$ だけれど，f は全射
だから右簡約可能で $\alpha = \beta$ だ．

S：あとは簡単だ．$\alpha = \beta$ だから当然 $\alpha \circ 1_Y = \beta \circ 1_Y$ が成り立つわけだ
が，f が α, β の 解（イコライザ）であることから，$u : Y \longrightarrow X$ で $f \circ u = 1_Y$ なる
ものが一意に存在する．この関係を使えば

$$f \circ u \circ f = f = f \circ 1_X$$

がわかって，f が単射だから左簡約可能で $u \circ f = 1_X$ といえる．し
たがって

定理 4　トポスにおいて，単射かつ全射ならば同型射である．

といえ，いよいよトポスが集合論の土台らしいことがわかった．
さらにこれすらも足がかりにして，トポスにおける射には常に
「像」を定義することができるんだ．直感的にいえば，「像」とは「写

[*2] 第 1 話参照．

像によってうつった要素全体の集合」にあたるものだが，これを圏論的な立場で定義しようというわけだ．詳しくは必要になったら述べるが，「像」があれば随伴を通じて「存在」を論じることができるようになる[*3]．

2. 像の圏論的取り扱い，単射全射分解

N：なんだ，「存在」って？ オントロジーでも一席ぶとうというのか？

S：それもなかなか魅力的だが，存在量化子 $\exists$ に絡んだ話だ．まあ，ここではひとまず「像」を圏論的に定義して話を先に進めよう．

> **定義5** 圏 $\mathcal{C}$ における射 $f : X \longrightarrow Y$ に対し，単射 $m : I \longrightarrow Y$ が f の **像（image）** であるとは，適当な射 $e : X \longrightarrow I$ で $f = m \circ e$ となるものが存在し，かつ他に単射 $m' : I' \longrightarrow Y$ と射 $e' : X \longrightarrow I'$ とで $f = m' \circ e'$ となるものが存在したときには，射 $u : I \longrightarrow I'$ で $m = m' \circ u$ なるものが一意に存在するときにいう．
>
>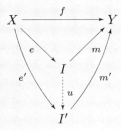

[*3] 第 14 話参照．

トポスにおける射 $f:X\longrightarrow Y$ が像をもつかはさておき，単射を用いて分解できること自体は，f と f 自身とからなる射の組に対する押し出しの解（イコライザ）を考えることで簡単に示せる．

N： $Y\xleftarrow{f} X\xrightarrow{f} Y$ の押し出しを考えるということか？　押し出しは今までほとんど取り上げてこなかったけれど，引き戻しの双対だったな．押し出しを $Y\xrightarrow{\alpha} W\xleftarrow{\beta} Y$ とする．これらは実際には平行射だから解（イコライザ）が考えられる．f 自身が $\alpha\circ f=\beta\circ f$ をみたしているのだから，解（イコライザ）を $m:I\longrightarrow Y$ とすれば，射 $e:X\longrightarrow I$ で $f=m\circ e$ となるものが一意に存在する．m は解（イコライザ）だから単射で，なるほどすぐわかることだったな．

S：とはいえ，今まで議論してきたことが様々に組み合わさっているわけだから，決してつまらない結果ではない．それに m が実際に構成できているというのもありがたいことだ．次は m が像であることをいうために，他の分解 $X\xrightarrow{e'} I'\xrightarrow{m'} Y$ があるとしよう．定理3から平行射 $Y\underset{b}{\overset{a}{\rightrightarrows}} Z$ で，その解（イコライザ）が m' であるようなものが存在する．つまり $a\circ m'=b\circ m'$ なわけだが，右から e' を合成してしまえば，ここから $a\circ f=b\circ f$ が従う．すると，$Y\xrightarrow{\alpha} W\xleftarrow{\beta} Y$ が $Y\xleftarrow{f} X\xrightarrow{f} Y$ の押し出しであることから，射 $v:W\longrightarrow Z$ で $a=v\circ\alpha$ かつ $b=v\circ\beta$ であるようなものが一意に存在する．今度は

$$a\circ m=v\circ\alpha\circ m=v\circ\beta\circ m=b\circ m$$

であることと，m' が $Y\underset{b}{\overset{a}{\rightrightarrows}} Z$ の解（イコライザ）であることから，射 $u:I\longrightarrow I'$ で $m=m'\circ u$ なるものが一意に存在するが，これが定義で求められている射だ．

N：あっちへ行ったりこっちへ来たり，なんとも奇妙にねじくれた証

明だったな．ともあれ，これでトポスにおいては任意の射が像を
もつことがいえたわけだ．

S：もうひと手間かけて行ったり来たりすると，さらに有益な結果が
得られる．分解の一方の射を e としたのは何も考えなしに行った
ことではない．e はなんと全射なんだ．つまり，トポスにおいては
任意の射が単射と全射との合成で書けるのだ．これを見るために射
$f:X \longrightarrow Y$ の像を $m:I \longrightarrow Y$ とし，$f = m \circ e$ と分解されているも
のとする．この $e:X \longrightarrow I$ の像を $m':I' \longrightarrow I$ として，$e = m' \circ e'$
とさらなる分解を行う．単射と単射との合成は単射だから

$$f = m \circ e = (m \circ m') \circ e'$$

であることから，射 $u:I \longrightarrow I'$ で $m = (m \circ m') \circ u$ なるものが一意
に存在する．m は単射だから，これは $1_I = m' \circ u$ を意味する．右
側から m' を合成すれば $m' = m' \circ u \circ m'$ で，今度は m' が単射であ
ることから $1_{I'} = u \circ m'$ となって，e の像 m' が同型射であることが
わかった．で，ここで m' がそもそもなんであったかを思い出して
もらいたい．

N：「m' はどこから来たのか？ m' は何者か？ m' はどこへ行くの
か？」ということか．

S：いや別にそういうわけではない．先程君が像を具体的に構成した
だろう．

N：となると，m' は $I \xleftarrow{e} X \xrightarrow{e} I$ の押し出し $I \xrightarrow{\alpha} W \xleftarrow{\beta} I$ の 解（イコライザ）
$m':I' \longrightarrow I$ ということだな．

S：そうだ．そして m' が 解（イコライザ）なのだから $\alpha \circ m' = \beta \circ m'$ なのだけれ
ど，今 m' が同型射ということがわかっているから，$\alpha = \beta$ なん

だ．ここでいよいよ射 $g, h : I \longrightarrow Z$ に対して $g \circ e = h \circ e$ だと仮定する．すると押し出しの定義により射 $u : W \longrightarrow Z$ で $g = u \circ \alpha$ かつ $h = u \circ \beta$ となるものが一意に存在する．$\alpha = \beta$ だったから $g = h$ で，めでたく e が全射であることがわかった．まとめると

定理6　トポスにおいて，射 f は像 m を持ち，適当な全射 e を用いて $f = m \circ e$ と表すことができる．

ということだ．この「単射全射分解」までくれば，なぜ「像」が「写像によってうつった要素全体の集合」にあたるものなのか，集合や写像の図でも描きながら考えれば直感的にもよくわかるだろう．

3.　集合圏とはなにか

N：像が定義できて，単射全射分解ができるとは，いよいよ集合論の雰囲気が漂ってきたな．おそろしい．

S：なにを恐れて顔を隠しているんだ．

N：君には見えないのか，選択公理と連続体仮説とを持った集合論が．

S：くだらんやり取りをしている余裕はないぞ．トポスとしての集合圏 **Set** を定めないといけない．まずそもそも

公理1：　**Set** はトポスである．

ことは当然として，集合論なんだから「要素」が充分な働きをしてくれなければいけない．そこで

> **公理2:** Set は **well-pointed** である.

ことを要請する.

N: なんだ "well-pointed" って.

S: その程度のことをなんとなく聞き流せないようでは, この圏論的ビッグウェーブに乗り遅れるぞ. まあ良い. 正確には次の通りだ.

> **定義7** 終対象 1 をもつ圏 $\mathcal{C}$ が **well-pointed** であるとは, $\mathcal{C}$ の任意の相異なる射 $f, g : X \longrightarrow Y$ に対して射 $p : 1 \longrightarrow X$ で $f \circ p \neq g \circ p$ なるものが存在し, かつ, 1 は始対象でないことである.

N: 相異なる射を識別できるほど充分な量の「要素」＝「点」p があるということで "well-pointed" なんだな.

S: そうだ. そしてさらに, 昔々に話した「選択公理」を置く[*4]:

> **公理3:** Set の全射は切断をもつ. すなわち任意の全射 $f : X \longrightarrow Y$ に対して射 $s : Y \longrightarrow X$ で $f \circ s = 1_Y$ なるものが存在する.

N: なるほど, まとめると, 「集合圏とは, well-pointed で選択公理をみたすトポスである」と定義すればよいわけか.

S: 実はあとひとつ,「自然数全体の集合」を圏論的にどうとらえるか,

[*4] 第1話参照.

という最後の課題に取り組む必要がある．しかしこれは次回に議論しよう．

N：「線型代数」の話をすると言っておきながら，「集合圏」の話ばかりしているというのはけしからんことだなあ．

S：そもそも看板に掲げているものが登場するという先入見こそ打破すべきだ．『ゴドーを待ちながら』を見ろ．それに映画『秋刀魚の味』にだって秋刀魚を食うシーンはないぞ．

N：君，今更そんな不安になるようなことを言わないでくれ．だがそんなことより，君が秋刀魚などというから急に酒が飲みたくなってしまった．

S：では遅ればせながら，目黒に秋刀魚でも食いに行こうではないか．

1. 集合圏，ついに定義される

S：さあやるぞ．

N：そうか，ついに圏論の話をやめる気になったか．

S：やるぞ，と言っているのに何を言っているんだ．

N：やめるのをやるんだろう？ まったく君は持って回った言い方が
　　好きだなあ．

S：現実逃避のために愚かなことを言うのはやめるんだ．そんなに愚
　　かなことばかり言っていると愚かになるぞ．前回は「集合圏」を定
　　義するためのあと一歩のところまで踏み込んだのだった．

N：「集合圏」とは，well-pointed かつ選択公理をみたすトポスで，あ
　　ともう一つ条件が必要ということだったな．

S：そう，あとは「自然数」の概念を内側に取り込めれば，一応の，
　　「集合とは何か」に対する「答え」となる．ここでは「自然数対象」
　　というかたちで定式化しておこう．「自然数対象」は「列」という
　　概念すべての親玉のようなものとして定義される．

> **定義 1** 終対象 1 を持つ圏 $\mathcal{C}$ における**自然数対象** (Natural numbers object) とは，$\mathcal{C}$ の対象 N で，要素 $0:1 \longrightarrow N$ [*1] と射 $s:N \longrightarrow N$ とを備えたもので，他にこういった対象 X，要素 a，射 f があったとき，射 $u:N \longrightarrow X$ で
>
> $$1 \xrightarrow{\ 0\ } N \xrightarrow{\ s\ } N$$
> $$a \searrow \quad \downarrow u \qquad \downarrow u$$
> $$X \xrightarrow{\ f\ } X$$
>
> を可換にするものが存在するようなものをいう．

N：0 が数 0 で，s が「次の数をとる操作」という感じか．

S：そうだな．また，一意な射 u とは，なじみ深い言い方でいえば「初項が a で漸化式 $u_{n+1}=f(u_n)$ をみたす一意な列」だ．こうして定式化された 4 番目の公理

> **公理 4** Set は自然数対象を持つ．

を要請し，晴れて「集合圏 **Set**」が定義される．

> **定義 2** 集合圏 **Set** とは，well-pointed で選択公理をみたし自然数対象を持つトポスである．

[*1] この「0」は始対象ではなく「自然数 0」を意味する．二つの概念は決して無縁ではないが．

2. 集合論ことはじめ

N：大体土台が整ったようだな．いよいよ線型代数の話か．区切り
が良いようだから僕はもう帰るよ．

S：いや待ちたまえ．これから Set の内容，トポスの性質について
じっくりと見て行こう．

N：君こそ待ちたまえ．Set を定義したら終わると言っていたではな
いか．

S：そんなことを言ったか？ 君の記憶違いじゃないかなあ．それに
「君子豹変す」というだろう．

N：豹変するからといって君子ではないだろう，論理的に言って．

S：不必要なところでそんな論理力を発揮しないでくれるか？ 四の
五の言わずに付き合いたまえ．まず，「要素」に対して集合論っぽ
い記法を定義してイメージを湧かせよう．

> **定義 3** Set の対象 X に対して，終対象 1 からの射 $x:1\longrightarrow X$
> を X の**要素**（element）と呼び，$x\in X$ と書く．

要素自体は終対象を持つ圏なら定義できるものだけれど，今は要
素の重要性が高い well-pointed な圏を考えているからな，特別な
記法を定義したわけだ．さて，CCC では任意の対象 X に対して
$X\times 0\cong 0$ である[*2] ことから次がわかる：

[*2] CCC では「積が余極限を保つ」ことから従う（第 8 話参照）．

> **定理4** **Set** の対象 X について，射 $X \longrightarrow 0$ が存在すれば $X \cong 0$ である[*3].

定理の証明だが，射 $f:X \longrightarrow 0$ が存在するとしよう．同型射 $X \times 0 \longrightarrow 0$ を g とすると，次のような可換図式が描ける：

$$X \xleftarrow{\pi^1} X \times 0 \underset{g^{-1}}{\overset{g}{\rightleftarrows}} 0$$

（図中左下に 1_X，中央下に $\binom{1_X}{f}$，最下部に X）

ここから $\pi^1 \circ g^{-1} \circ g \circ \binom{1_X}{f} = 1_X$ がわかるが，逆向きに $\pi^1 \circ g^{-1}:0 \longrightarrow X$ と $g \circ \binom{1_X}{f}:X \longrightarrow 0$ とを合成すると射 $0 \longrightarrow 0$ が得られる．だがこの射は一意だから 1_0 に一致しなければならない．

N：これで可逆な射が得られたから同型ということだな．だがこれがどうしたんだ？

S：これだけではぱっとしないように見えるかもしれないが，ここから得られる系が，**Set** をより集合論らしく輝かせてくれるんだ．まず well-pointed の定義で，点が射を分離することだけでなく終対象 1 が始対象でないことを要請していたことを思い出そう．今得られた定理の対偶から，「1 が始対象でなければ，射 $1 \longrightarrow 0$ は存在しない」ことがわかるが，これは要するに

[*3] 証明を見ればわかる通り，「圏が **Set** であること」は最小限の仮定ではない．他の定理でも **Set** に対する定理として述べているが，どういった仮定が用いられているかは注意しながら証明を追っていっていただきたい．

> **系5** Set において，0 は要素を持たない．

ということだ．さらに

> **系6** Set の任意の対象 X に対して 0 からの一意な射 $0_X : 0 \longrightarrow X$ は単射である．

こともすぐにわかる．

N： $Y \underset{g}{\overset{f}{\rightrightarrows}} 0 \overset{0_X}{\longrightarrow} X$ を持ってきて $0_X \circ f = 0_X \circ g$ と仮定すると，あ，なんだ f, g が存在した段階でもう $Y \cong 0$ で Y は始対象だから，Y から 0 への射は一意で，$f = g$ なのか．

S： 単射が部分集合の対応物だということを思い起こせば，これは「空集合が任意の集合の部分集合である」ということを意味していることがわかるだろう．

N： なるほど，集合論らしさが出てきたな．

S： だがいくら「らしい」といっても，要素を主役とする集合論と射を主役とする圏論とでは違いが出てくる．たとえば 1 からの射を「要素」と呼んでいたけれど，余域が異なれば違う射とみなす圏論では「異なる対象が同じ要素を持つ」ということは起こり得ない．圏論ではよく「同型を同一視すれば一意」という言い方をしているが，**Set** においてもやはり同型であれば互いに異なるものであってもその違いは識別できない．特に，部分について注意しなければならない点がある．部分対象分類子の定義で，単射に対して一つの特性射が定まることを要請したが，逆に特性射から単射をどの程度識別できるかということを考えよう．つまり二つの単

射 $X \xrightarrow{m} A$, $X' \xrightarrow{m'} A$ に対して，特性射 $\chi_m, \chi_{m'}$ が等しいとき，m, m' はどういう関係にあるかということだ．

N：そこまで持って回った言い方をするということは $m = m'$ とは限らないということだな．$X \cong X'$ くらいだろう？

S：学校のテストでないのだから，勘で答えを言い当てるのをやめたまえ．

N：m' について，$\mathrm{True} \circ !_{X'} = \chi_{m'} \circ m' = \chi_m \circ m'$ が言えるから，次の図式を可換にする $u : X' \longrightarrow X$ が一意に存在するな：

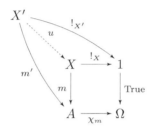

ここから $m' = m \circ u$ が言えるけれど，m についてもまったく同様の議論から $v : X \longrightarrow X'$ で $m = m' \circ v$ なるものが存在する．この二つを合わせれば $m = m \circ u \circ v$ となる．m は単射だから $u \circ v = 1_X$ だ．m' についてまとめれば $v \circ u = 1_{X'}$ が言えるから，ほら見ろ $X \cong X'$ じゃないか．m' は同型射 $u : X' \longrightarrow X$ を用いて $m' = m \circ u$ と表される．

S：なにが「ほら見ろ」だ．今示した事実をまとめると次のようになる：

定理 7 **Set** における対象 A の部分 $X \xrightarrow{m} A$ および $X' \xrightarrow{m'} A$ について，$\chi_m = \chi_{m'}$ であるとき，同型射 $X' \xrightarrow{u} X$ で $m' = m \circ u$ となるものが存在する．

いつもの言い方をすれば，特性射から単射が同型を同一視すれば一意に定まるということだから，

> **系 8** Set において，単射と特性射とは同型を同一視すれば一対一に対応している．

ということだ．ここからは次の一見当たり前だが興味深い事実が従う：

> **系 9** Set において，始対象でない対象は要素を持つ．

N： 任意の対象 X について，$0 \xrightarrow{0_X} X$, $X \xrightarrow{1_X} X$ と，少なくとも二つの単射が存在しているが，$X \not\cong 0$ なら $\chi_{1_X} \neq \chi_{0_X}$ で，well-pointed の仮定からこれらを分離する $x \in X$ が存在するはずだな．

S： 言うまでもないが，これは「空集合でない集合は要素を持つ」ということに対応している．さてこれを用いれば，

> **定理 10** Set において，1 の部分は同型を同一視すれば 0_1, 1_1 のみである．

ことがわかる．$m : X \longrightarrow 1$ を単射として $X \not\cong 0$ とすると $x \in X$ がとれるが，$m \circ x$ は $1 \longrightarrow 1$ だから $m \circ x = 1_1$ だ．あとは先程君がやったよくあるやり方で

$$m \circ x \circ m = m = m \circ 1_X$$

であることと m が単射であることから $x \circ m = 1_X$ が言えるから，$X \cong 1$ となる．単射と特性射の対応に注意すれば，ここからすぐに

> **系 11** **Set** において，Ω の要素は χ_{0_1}, χ_{1_1} の二つのみである．

ことがわかる．χ_{1_1} は True のことだから，用語のなりゆきとして False $:= \chi_{0_1}$ とおいてしまおう．ちなみに，始対象 0 と終対象 1 とが同型でないトポス，つまり True $\neq$ False であるようなトポスを **非退化なトポス**（**non-degenerate topos**）と呼ぶ．反対に True $=$ False であるようなトポスを **退化したトポス**（**degenerate topos**）と呼ぶ．well-pointed の条件として $0 \ncong 1$ があるから **Set** は非退化なトポスだ．さて，False $= \chi_{0_1}$ とおいたが，これは言い換えれば False は $0 \xrightarrow{0_1} 1$ の特性射ということ，すなわち

が引き戻しだということだ．

N：なかなか象徴的な形だな．何を象徴しているのかは知らんが．

S：何でもかんでも思い付きで喋っていれば良いというものではないぞ．とはいえ，このように「引き戻しが 0 になる」というのは重要な性質だ．

> **定義 12** 単射 $f : X \longrightarrow A$, $g : Y \longrightarrow A$ の引き戻し $X \times_A Y$ が 0 に同型のとき，これらは **互いに素**（**disjoint**）であるという[*4]．

特に要素に関しては次のことが成り立つ：

[*4] 引き戻しは逆像に対応しているものなので，二つの単射の引き戻しは共通部分に対応するものとなる．従って「互いに素」は「共通部分が 0」を意味する．

> **定理 13**　**Set** において，互いに異なる要素は互いに素である．また，同じ要素の引き戻しは終対象となる[5].

N： $1 \xrightarrow{a} A \xleftarrow{b} 1$ の引き戻しを X とすると，現状 $a \circ !_X = b \circ !_X$ となっている．X が始対象でなければ要素を持つから，一つとって x とすると，$!_X \circ x$ は 1 から 1 への射になるから 1_1 に等しいはずで，$a = b$ が得られるな．対偶をとって，$a \neq b$ なら引き戻しは始対象，すなわち a, b は互いに素だ．逆に $a = b$ なら，X に限らず任意の対象 Y に対して $a \circ !_Y = b \circ !_Y$ が成り立つから，Y から X への一意な射が存在する．これは終対象の条件だから，X は終対象だ．

S： 同じ要素に対しては $1 \times_A 1 \cong 1$ となっているということだが，この結果はより一般の単射の場合に一般化できる：

> **定理 14**　射 $m : X \longrightarrow A$ が単射であることと
>
> $$\begin{array}{ccc} X & \xrightarrow{1_X} & X \\ {\scriptstyle 1_X}\downarrow & & \downarrow{\scriptstyle m} \\ X & \xrightarrow{m} & A \end{array}$$
>
> が引き戻しであることとは同値である．

要素に限らず，一般の単射に対しても $X \times_A X \cong X$ という「冪等性」が成り立つ，つまり「2 乗してもかたちが変わらない」わけだ．鍵は，単射の定義の前提条件「$Y \underset{y}{\overset{x}{\rightrightarrows}} X \xrightarrow{m} A$ について

---

[5] x, y について，$x = y$ なら 1 を，$x \neq y$ なら 0 を返すクロネッカーのデルタ $\delta_{x,y}$ を用いれば，「要素 x, y の引き戻しは $\delta_{x,y}$ である」といえる．

$m \circ x = m \circ y$ である」を,「図式

$$
\begin{array}{ccc}
Y & \xrightarrow{\ x\ } & X \\
\downarrow{\scriptstyle y} & & \downarrow{\scriptstyle m} \\
X & \xrightarrow{\ m\ } & A
\end{array}
$$

が可換である」と言い換えられることだ.

N：なるほど. 問題の図式が引き戻してあることを仮定すれば, 単射の前提が成り立っているとき射 $u : Y \longrightarrow X$ で $x = 1_X \circ u = y$ なるものがとれるから m は単射だな.

S：逆の主張は, m が単射なら一般には相異なる射 $X \longleftarrow X \times_A X \longrightarrow X$ が等しくなることに注意すれば良い. これを p とすれば,

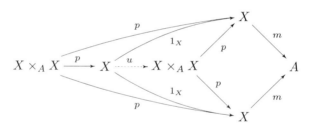

から必要なことはすべて読み取れるはずだ.

N：ほう, まったくわからんな.

S：それは君の気合が足らないからだ. まず, この図式には $X \xrightarrow{\ m\ } A \xleftarrow{\ m\ } X$ を含む四角形が三種類存在していて, それらが $X \times_A X \xrightarrow{\ p\ } X \xrightarrow{\ u\ } X \times_A X$ で結ばれている. 最も内側の四角形は引き戻しを表す図式だ. 間の X を頂点とする四角形は $X \xrightarrow{\ 1_X\ } X$ を用いても可換となることを示していて, $X \times_A X$ への一意な射を u としている. ここから $p \circ u = 1_X$ が得られるが, 更に $p \circ u \circ p = p$ が従う. これは

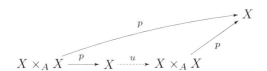

が可換であることを示している．$X \times_A X \xrightarrow{1_{X \times_A X}} X \times_A X$ もまたこ
の三角形を可換にするから，射の一意性から $u \circ p = 1_{X \times_A X}$ でなけ
ればならない．よって $X \times_A X \cong X$ だ．さて，実はこれらの結果
から「Ω は $1+1$ と同型である」が示せ，$1+1$ がちょうど二つの要
素をもつとわかる[*6]．まさに「$1+1=2$」だ．

N：え，そんな当たり前のことを証明しようとしていたのか，この詐
欺師め．

S：人聞きの悪いことを言うな．実際，「二つの終対象の余積がちょ
うど二つの要素をもつ」なんて一般の圏では全く成り立たないのだ
ぞ．

N：詐欺師でなかったか，この数学者め．

S：人聞きの悪いことを言うな．まあそろそろ語り疲れたところだか
ら，このあたりは次回に回そう．

[*6] 第 12 話参照．

1. 冪対象

S：前回せっかく集合圏 Set に分け入ったところだが，ここで一旦トポス[1] の話に戻って，より一層深く進むための準備をしよう．

N：なんだ，行ったり来たりと忙しいな．

S：トポスに対する理解なしに **Set** を知ることはできないのだから仕方ない[2]．

N：ふうん，仕方ないなら仕方ないな．

S：特に重要となるのは Ω への射だ．何度か話しているとおり，射 $\varphi : X \longrightarrow \Omega$ は X の要素に対する「命題」と解釈することができる．

N：X の各要素 $x \in X$ に対して $\varphi \circ x$ は Ω の要素で，$\varphi \circ x =$ True であるときに「命題 φ が成り立つ」と解釈するのだな．それに，こ

---

[1] 第 9 話で定義した（初等）トポス，すなわち有限極限，有限余極限，冪および部分対象分類子をもつ圏のこと．

[2] これは我々が採用した集合圏の公理が「ミニマリスト向け」なためで，先駆者の一人 Lawvere は "An Elementary Theory of the Category of Sets" において，圏論の言葉が表に現れない形で八つの公理を採用している．

ういった x たちの集まりを考えることができるということだった.

S：そう，射 $\mathrm{True}:1 \longrightarrow \Omega$ の φ による引き戻しで「命題 φ が成り立つ」という性質を持った X の部分 $m_\varphi:M_\varphi \longrightarrow X$ が定まる．君はもう覚えていまいが，前回 **Set** では特性射と部分とが同型を同一視すれば一対一に対応することを示したが，あのとき用いた証明は一般のトポスでも成り立つ．もう一つ重要な対応は，同型 $X \cong X \times 1$ と積冪随伴とを用いて得られる $\tilde{\varphi}:1 \longrightarrow \Omega^X$ との対応だ．この形の冪は特に X の**冪対象**（**power object**）と呼ばれている．

N：いかにも冪集合の対応物といった名前だな．

S：もちろんその通りだ．$\tilde{\varphi}$ が 1 からの射になっているところに注意すれば，これは Ω^X の要素なのだとわかる．つまり Ω^X とは，X の部分と対応したものを要素として持つものだ．さてこれで

$$\text{射 } X \longrightarrow \Omega \qquad \text{部分 } m_\varphi:M_\varphi \longrightarrow X \qquad \text{要素 } \tilde{\varphi} \in \Omega^X$$

の間の三位一体の関係がわかったわけだ．

2. 単集合射

N：立場の異なるものたちが互いに対応しているとは，なんと平等な世界なんだ．

S：君らしく，良いことを言っているようでその実なんの中身もないコメントだな．この三位一体の関係を通じて冪対象の重要性を見ていこう．まずは，ただ一つの要素のみを持つ「単集合」の対応

物を定義する.

N:「ただ一つの要素のみを持つ」というと，終対象のことではないのか？

S：ああ，無論それはそれとして正しいのだが，ここでは任意の対象 X の任意の要素 $a \in X$ に対して，a のみを要素として持つ対象を作ることを目指しているんだ．まずは対応する「命題」がどのようになるかだが，$a \in X$ が選ばれるごとに X 上の命題 φ_a「$x \in X$ について $x = a$ である」が構成されてほしい．φ_a は Ω^X の要素 $\tilde{\varphi}_a$ に対応しているから，要は a に $\tilde{\varphi}_a$ に対応させるような射 $X \longrightarrow \Omega^X$ が構成できれば良い．更にこれはアンカリー化によって $X \times X \longrightarrow \Omega$ と対応するから，求める命題は「$a \in X, x \in X$ について $x = a$ である」となるだろうな.

N:「$a \in X$ を選ぶ」，「$x \in X$ に対して $x = a$ かどうかを調べる」という二段階を二変数関数によって一段階にまとめたわけか.

S：すでに述べたが，このような「二変数関数」と「二段階の一変数関数」との対応は積と冪との間の随伴関係の最も重要な例の一つだ [*3]．さて，必要なもののイメージがつかめたところで，一般のトポスで通用するような要素に依らない定義を行おう．といっても先程から注目している「三位一体」の関係に則ればすぐ終わる．まず対角射 [*4] $\begin{pmatrix} 1_x \\ 1_x \end{pmatrix} : X \longrightarrow X \times X$ の特性射を δ_x とする [*5]．これが最後に得られた二変数の命題の対応物だ.

[*3] 第 4 話参照.

[*4] 要素の対応を見れば，名前の意味は明らかだろう.

[*5] これは第 10 話の脚注で触れた「クロネッカーのデルタ」に相当する.

N：なるほどな．ではあとはカリー化を考えれば終わりか．

S：そう，その射 $X \longrightarrow \Omega^X$ を $\{\cdot\}_X$ と書き，**単集合射**（**singleton map**）と呼ぶ．

N：自由に要素をとれるように **Set** で確認すると，$a \in X$ に対して Ω^X の要素 $\{\cdot\}_X \circ a$ が定まるが，これと対応する X の部分が単集合の対応物ということか．

S：そのためにはまず対応する命題 $\phi_a : X \longrightarrow \Omega$ について調べないとな．同型 $\begin{pmatrix} !_X \\ 1_X \end{pmatrix} : X \longrightarrow 1 \times X$ と合わせれば次のようになるだろう：

$$X \xrightarrow{\begin{pmatrix} !_X \\ 1_X \end{pmatrix}} 1 \times X \xrightarrow{a \times 1_X} X \times X \xrightarrow{\{\cdot\}_X \times 1_X} \Omega^X \times X \xrightarrow{\in_X} \Omega$$

N：なんだ，「$\in_X$」って？

S：ああ，これは冪が備える評価だ．Ω^X の要素は X の部分に相当するから，冪対象に対する評価は，与えられた部分と要素とのペアに対して，要素が部分に属するか否かを判断するものといえる．そのため，Ω^X が特に冪対象と呼ばれているのと同様，評価にもこの特別な記号を使うことにする．

N：なるほどな．$x \in X$ と前半二つの射とを合成すると $X \times X$ の要素 $\begin{pmatrix} a \\ x \end{pmatrix}$ が得られる．後半二つの射については，定義から $\in_X \circ (\{\cdot\}_X \times 1_X) = \delta_X$ だから，全体として $\phi_a \circ x = \delta_X \circ \begin{pmatrix} a \\ x \end{pmatrix} : 1 \longrightarrow \Omega$ となるな．

S：このことから，$\phi_a : X \longrightarrow \Omega$ が，最初言っていた $a \in X$ を定めるごとに得られるべき「$x \in X$ について $x = a$ である」という命題に対応していることがわかるだろう．詳しく言えば，もし

$\phi_a \circ x = \delta_X \circ \begin{pmatrix} a \\ x \end{pmatrix} = \text{True}$ なら，δ_X が対角射の特性射であることか

ら $u : 1 \longrightarrow X$ で $\begin{pmatrix} 1_X \\ 1_X \end{pmatrix} \circ u = \begin{pmatrix} a \\ x \end{pmatrix}$ となるものが一意に存在する．ここ

から $a = u = x$ が従う．あとは True の ϕ_a による引き戻しとして

得られる X の部分を $m : M \longrightarrow X$ とすれば，$\phi_a \circ x = \text{True}$ なる

$x \in X$ が $x = a$ 以外に存在しないことから，M の要素は $\bar{a} \in M$ で

$m \circ \bar{a} = a$ なるものしか存在しないことがわかる．

N：ずいぶんややこしかったが，とにかく $\{\cdot\}_X : X \longrightarrow \Omega^X$ を用いれ
ば，ただ一つの要素しかもたないような対象を好きに定めること
ができるということだな．

S：あとは，$\{\cdot\}_X$ の単射性について触れておこう．$Y \underset{g}{\overset{f}{\rightrightarrows}} X \overset{\{\cdot\}_X}{\longrightarrow} \Omega^X$
で，$\{\cdot\}_X \circ f = \{\cdot\}_X \circ g$ なるものを考える．$\{\cdot\}_X$ の定義から，
$\in_X \circ (\{\cdot\}_X \times 1_X) = \delta_X$ だから $\delta_X \circ (f \times 1_X) = \delta_X \circ (g \times 1_X)$ がいえる．
これを特性射とする $Y \times X$ の部分について考えるため，ひとまず
f の方について調べて行こう．δ_X は $\begin{pmatrix} 1_X \\ 1_X \end{pmatrix}$ の特性射だったことを考
慮して

$$
\begin{array}{ccccc}
Y & \xrightarrow{\ f\ } & X & \xrightarrow{\ !_X\ } & 1 \\
{\scriptstyle \begin{pmatrix} 1_Y \\ f \end{pmatrix}}\Big\downarrow & & {\scriptstyle \begin{pmatrix} 1_X \\ 1_X \end{pmatrix}}\Big\downarrow & & \Big\downarrow{\scriptstyle \text{True}} \\
Y \times X & \xrightarrow[f \times 1_X]{} & X \times X & \xrightarrow[\delta_X]{} & \Omega
\end{array}
$$

を考えると，まず定義から右の四角形は引き戻しだ．左の四角
形の可換性はすぐわかるが，実は引き戻しになっている．実際，
$Y \times X \xleftarrow{\begin{pmatrix} z_1 \\ z_2 \end{pmatrix}} Z \xrightarrow{\ w\ } X$ について[6]，$\begin{pmatrix} 1_X \\ 1_X \end{pmatrix} \circ w = (f \times 1_X) \circ \begin{pmatrix} z_1 \\ z_2 \end{pmatrix}$ が成り

---

[6] 任意の射 $z : Z \longrightarrow Y \times X$ が $z = \begin{pmatrix} z_1 \\ z_2 \end{pmatrix}$ というように表現できるのは積の性質によ
る．

立つなら，左辺は $\binom{w}{w}$ で右辺は $\binom{f \circ z_1}{z_2}$ だから $z_2 = w = f \circ z_1$ が成り立つ．これを踏まえて，$z_1 : Z \longrightarrow Y$ を用いれば

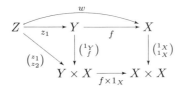

が可換になることがわかる．

N： 他にこういった $v : Z \longrightarrow Y$ があったとしても，左の三角形の可換性から $\binom{z_1}{z_2} = \binom{1_Y}{f} \circ v = \binom{v}{f \circ v}$ となって $v = z_1$ しかないな．

S： ということでめでたくどちらの四角形も引き戻しであることがわかった．すると，二つの四角形を合わせてできる外側の大きな四角形もまた引き戻しになる．これは簡単で，まず $Y \times X \xleftarrow{\alpha} W \xrightarrow{!_W} 1$ が外側の四角形を可換にするものと仮定すると，$f \times 1_X$ との合成 $X \times X \xleftarrow{(f \times 1_X) \circ \alpha} W \xrightarrow{!_W} 1$ は右側の四角形を可換にする．引き戻しの性質から $\beta : W \longrightarrow X$ で全体を可換にするものが一意にとれる．すると今度は $Y \times X \xleftarrow{\alpha} W \xrightarrow{\beta} X$ が左側の四角形を可換にするから，やはり引き戻しの性質から $\gamma : W \longrightarrow Y$ で全体を可換にするものが一意にとれる．終わり．

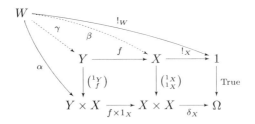

証明からわかる通り，この結果は一般の引き戻しの結合について

成り立つものだ.

補題 1　引き戻しの引き戻しは引き戻しである.

N：ほう，それで何をしていたんだっけ？

S：なんだったかなあ，ああこれで $\delta_X \circ (f \times 1_X) : Y \times X \longrightarrow \Omega$ に対応する $Y \times X$ の部分が $\begin{pmatrix} 1_Y \\ f \end{pmatrix} : Y \longrightarrow Y \times X$ だとがわかったんじゃないか，しっかりしたまえ.

N：ああ，そうだったか．今の議論は f を g に取り換えても成り立つ一方で，仮定から $\delta_X \circ (f \times 1_X) = \delta_X \circ (g \times 1_X)$ なのだから，$\begin{pmatrix} 1_Y \\ f \end{pmatrix}$ と $\begin{pmatrix} 1_Y \\ g \end{pmatrix}$ とは同じ特性射を持つ部分だな．この場合，同型射 $h : Y \longrightarrow Y$ で $\begin{pmatrix} 1_Y \\ f \end{pmatrix} = \begin{pmatrix} 1_Y \\ g \end{pmatrix} \circ h$ となるものがとれるけれど，この式から $h = 1_Y$ となって，結局 $f = g$ となるわけか.

S：これで，ようやく

定理 2　トポスの任意の対象 X について，$\{\cdot\}_X : X \longrightarrow \Omega^X$ は単射である.

ということがわかった.

3.「写像」の構成

N：色々と確かめることの多い証明だったな.

S：まあその結果非常に重要なツールを得られたのだから問題なかろ

う．これを用いれば冪対象から一般の冪，すなわち射の集まりが構成できるんだ*7．

N： だがトポスとはそもそも冪を持っているものなんじゃないのか．

S： 我々は CCC であることを課したからそうなのだが，トポスの定義にも色々なバージョンがある．より無駄を排して，冪対象の存在のみを仮定する立場もあるんだ．もちろん今言ったように，一般の冪は構成できるから結果としては同じものになるのだが，通常の集合論との類似を見るためにも非常に重要だから取り扱うことにしよう．そもそも集合論では，厳密に言えば集合しか考察の対象にしないのだから，「集合間の写像」だって集合として解釈しなければならない．

N： へえ．僕は集合論とは慎重に距離をおいていたからな，まったく知らん．

S： けしからん奴だなあ．簡単にまとめると，写像 $X \longrightarrow Y$ とは，$X \times Y$ の特別な部分集合 G で，どう特別かは，$x \in X$ を定めるごとに $y \in Y$ で $\binom{x}{y} \in G$ なるものがただ一つ定まるということだといえる．

N： なるほど．もう圏論的な言い換えが可能なことばかりに聞こえるな．積だとか部分集合だとか．それに逆像としての引き戻し，$\{\cdot\}_X$ と関連する「ただ一つ」と．

S： 実際あとは組み立てて，それが定義をみたすものかを確認するだけだ．このあたりは MacLane, Moerdijk の "Sheaves in

---

*7 冪対象のところでも触れたが，Y^X の要素は積と冪との随伴を通じて射 $X \longrightarrow Y$ と対応している．

Geometry and Logic" が詳しい．まず $\Omega^{X \times Y} \times (X \times Y) \xrightarrow{\in_{X \times Y}} \Omega$ から始めて随伴から得られる $\Omega^{X \times Y} \times X \xrightarrow{\hat{\in}_{X \times Y}} \Omega^Y$ を考える．集合論のイメージでいえば，$X \times Y$ の部分集合 G と $x \in X$ とに対して $\{y \in Y \mid \binom{x}{y} \in G\}$ なる Y の部分集合を与える射だな．これを G の x 切片と呼ぶことにしよう．これが単集合であってほしいのだから，$\{\cdot\}_Y$ の特性射を $s_Y : \Omega^Y \longrightarrow \Omega$ として合成する．こうして得られた $s_Y \circ \hat{\in}_{X \times Y}$ の更に随伴をとって check と名付ける．集合論のイメージに立ち返れば，$\Omega^{X \times Y} \xrightarrow{\text{check}} \Omega^X$ は $G \subset X \times Y$ に対して，$x \in X$ で G の x 切片が単集合であるようなもの全体を与える射だ．

N：つまり G が写像としてふさわしい性質を持つところを調べる射なんだな．

S：そういうことだ．これが X 全体であるとき，晴れて X 上の写像になるわけだ．この状況を表すため，1_X の特性射を True_X として[*8]，随伴による対応物を $t_X \in \Omega^X$ としよう．$\Omega^{X \times Y} \xrightarrow{\text{check}} \Omega^X \xleftarrow{t_X} 1$ の引き戻しを考えれば，正に「$X \times Y$ の部分集合のうち特別なもの」たちの集まりが得られることになる．これを $m : Y^X \longrightarrow \Omega^{X \times Y}$ とする．次に評価 $\varepsilon : Y^X \times X \longrightarrow Y$ が定まることを示さなければならないが，実はこれは Y^X の構成を振り返って色々集めていけば示せる．具体的には Y^X の定義，check の定義だな．

N：対象 $Y^X \times X$ が必要だから Y^X の定義に X をかけて色々まとめると可換図式

[*8] 定義から $\mathrm{True}_X = \mathrm{True} \circ !_X$ であることがわかる．X 上の命題として解釈すれば，すべての要素に対して真を返すものに相当する．

$$
\begin{array}{ccccc}
Y^X \times X & \xrightarrow{m \times 1_X} & \Omega^{X \times Y} \times X & \xrightarrow{\widehat{\in}_{X \times Y}} & \Omega^Y \\
{\scriptstyle !_{Y^X} \times 1_X} \downarrow & & {\scriptstyle \text{check} \times 1_X} \downarrow & & \downarrow {\scriptstyle s_Y} \\
1 \times X & \xrightarrow{t_X \times 1_X} & \Omega^X \times X & \xrightarrow{\in_X} & \Omega
\end{array}
$$

が得られるな．なんだ，ほとんど定義そのものじゃないか．

S： あとは $1 \times X \xrightarrow{\pi^2} X$ と組み合わせれば，t_X の定義から $\in_X \circ (t_X \times 1_X)$ $= \text{True} \circ !_X \pi^2$ となって，$\text{True} \circ !_X \circ \pi^2 \circ (!_{Y^X} \times 1_X) = s_Y \circ \widehat{\in}_{X \times Y} \circ$ $(m \times 1_X)$ がいえる．ここで，s_Y は $\{\cdot\}_Y$ の特性射だったから $\Omega^Y \xrightarrow{s_Y} \Omega \xleftarrow{\text{True}} 1$ の引き戻しは $\Omega^Y \xleftarrow{\{\cdot\}_Y} Y \longrightarrow 1$ だ．よって $Y^X \times X \xrightarrow{\varepsilon} Y$ で，

$$
\begin{array}{ccccc}
Y^X \times X & \xrightarrow{\varepsilon} & Y & \longrightarrow & 1 \\
& \searrow & \downarrow {\scriptstyle \{\cdot\}_Y} & & \downarrow {\scriptstyle \text{True}} \\
{\scriptstyle \widehat{\in}_{X \times Y} \circ (m \times 1_X)} & & \Omega^Y & \xrightarrow{s_Y} & \Omega
\end{array}
\tag{11.1}
$$

を可換にするものが一意に存在する．これが評価だ．最後に，任意の射 $Z \times X \xrightarrow{f} Y$ から始めて $Z \xrightarrow{\widehat{f}} Y^X$ を構成しよう．$\Omega^{X \times Y} \xrightarrow{\text{check}} \Omega^X \xleftarrow{t_X} 1$ の引き戻しとして Y^X を定めたから，これが使える形を引き出していく．まず，$(Z \times X) \times Y \xrightarrow{f \times 1_Y} Y \times Y \xrightarrow{\delta_Y} \Omega$ から，積の結合律とカリー化とを通じて得られる $Z \longrightarrow \Omega^{X \times Y}$ を $\overline{f}$ とおく．積の結合律を表す同型射 $(X_1 \times X_2) \times X_3 \longrightarrow X_1 \times (X_2 \times X_3)$ を対象によらず α と書くことにすれば，$\widehat{\in}_{X \times Y}$，$\{\cdot\}_Y$ の定義から

$$
\begin{array}{ccccc}
Z \times (X \times Y) & \xrightarrow{\overline{f} \times 1_{X \times Y}} & \Omega^{X \times Y} \times (X \times Y) & \xrightarrow{\in_{X \times Y}} & \Omega \\
{\scriptstyle \alpha} \uparrow & & {\scriptstyle \alpha} \uparrow & & {\scriptstyle \in_Y} \uparrow \quad \searrow {\scriptstyle \delta_Y} \\
(Z \times X) \times Y & \xrightarrow{(\overline{f} \times 1_X) \times 1_Y} & (\Omega^{X \times Y} \times X) \times Y & \xrightarrow{\widehat{\in}_{X \times Y} \times 1_Y} & \Omega^Y \times Y \xleftarrow{\{\cdot\}_Y \times 1_Y} Y \times Y
\end{array}
$$

$$
\tag{11.2}
$$

という可換図式が得られる．$\overline{f}$ の定義から

$$\delta_Y \circ (f \times 1_Y) = \in_{X \times Y} \circ (\overline{f} \times 1_{X \times Y}) \circ \alpha$$

だが，この可換図式を用いると左辺は $\in_Y \circ (\{\cdot\}_Y \times 1_Y) \circ (f \times 1_Y)$ に等しく，右辺は $\in_Y \circ (\hat{\in}_{X \times Y} \times 1_Y) \circ ((\overline{f} \times 1_X) \circ 1_Y)$ に等しいことがわかる．まとめると

$$\in_Y \circ ((\{\cdot\}_Y \circ f) \times 1_Y) = \in_Y \circ ((\hat{\in}_{X \times Y} \circ (\overline{f} \times 1_X)) \times 1_Y)$$

ということで，逆カリー化により

$$\{\cdot\}_Y \circ f = \hat{\in}_{X \times Y} \circ (\overline{f} \times 1_X)$$

が得られる．更に s_Y を合成すると，右辺は

$$s_Y \circ \hat{\in}_{X \times Y} \circ (\overline{f} \times 1_X) = \in_X \circ (\text{check} \times 1_X) \circ (\overline{f} \times 1_X)$$
$$= \in_X \circ ((\text{check} \circ \overline{f}) \times 1_X)$$

となる．左辺は，$s_Y \circ \{\cdot\}_Y = \text{True} \circ !_Y$ なので

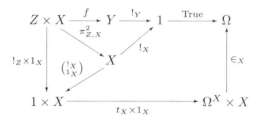

から $\in_X \circ ((t_X \circ !_Z) \times 1_X)$ に等しくなることがわかる．よって再度逆カリー化により $t_X \circ !_Z = \text{check} \circ \overline{f}$ と正に欲しかった関係式が得られる．

N： なんだっけ，これは？

S： 何を寝ぼけたことを．目指していた，冪 Y^X の引き戻しとしての性質を使うための関係式だ．これにより，射 $Z \xrightarrow{\hat{f}} Y^X$ で，部分 $Y^X \xrightarrow{m} \Omega^{X \times Y}$ を用いて $\overline{f} = m \circ \hat{f}$ と書けるものが一意に存在する．これと (11.1) とを合わせれば

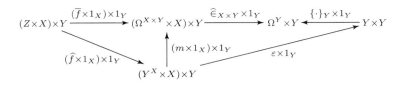

という可換図式が得られる．そしてこの図式の上側の辺は (11.2) の下側の辺とちょうど一致するようになっている．

N：ほう，奇妙なこともあるものだなあ．

S：偶然なわけないだろう．2 つの図式を合わせて，$(Z \times X) \times Y$ から Ω への射として

$$\in_{X \times Y} \circ (\bar{f} \times 1_{X \times Y}) \circ \alpha = \delta_Y \circ (\varepsilon \times 1_Y) \circ ((\hat{f} \times 1_X) \times 1_Y)$$

だ．

N：左辺は $\bar{f}$ の定義から $\delta_Y \circ (f \times 1_Y)$ に等しいな．$\delta_Y = \in_Y \circ (\{\cdot\}_Y \times 1_Y)$ だから，まとめると

$$\in_Y \circ ((\{\cdot\}_Y \circ f) \times 1_Y) = \in_Y \circ ((\{\cdot\}_Y \circ \varepsilon \circ (\hat{f} \times 1_X)) \times 1_Y)$$

だ．逆カリー化によって

$$\{\cdot\}_Y \circ f = \{\cdot\}_Y \circ \varepsilon \circ (\hat{f} \times 1_X)$$

で，$\{\cdot\}_Y$ は単射だから

$$f = \varepsilon \circ (\hat{f} \times 1_X)$$

か．

S：もし $Z \xrightarrow{g} Y^X$ で $f = \varepsilon \circ (g \times 1_X)$ をみたすものがあれば，今の議論を逆にたどっていくことで $\bar{f} = m \circ g$ であることがわかるから $g = \hat{f}$ で，一意性もみたしている．これで $Z \times X \xrightarrow{f} Y$ と $Z \xrightarrow{\hat{f}} Y^X$，そして評価 $Y^X \times X \xrightarrow{\varepsilon} Y$ の間の関係がわかったから，Y^X は確かに冪だ．これで

> **定理3** 有限極限，有限余極限，部分対象分類子 $1 \xrightarrow{\text{True}} \Omega$ を持つ圏について，任意の対象 X に対して冪対象 Ω^X が存在するならば，この圏はトポスである．

ことがわかった．この流れで，ついでに要素から要素への対応から写像が定まることを示しておこう．

4. 要素の対応が写像を定めること

N：なんだそんなもの，写像の定義じゃないのか．

S：もちろん，普通「X から Y への写像」といったら，「X の要素を定めるごとに Y の要素がただ一つ定まるような対応」のことだ．だが我々の立場では，写像とは **Set** の射で，これが要素間の対応と結び付いていることはまったく自明ではない．**Set** の射 $X \xrightarrow{f} Y$ が与えられたとき，$x \in X$ に対して $f \circ x \in Y$ が対応することは明らかだが，問題はこの逆だ．

N：ふうん，「$x \in X$ から $y \in Y$ への対応」というのをどう表現するんだ．

S：ここでは「$X \times Y \xrightarrow{P} \Omega$ で，カリー化 $X \xrightarrow{\hat{P}} \Omega^Y$ について $s_Y \circ \hat{P} = \text{True} \circ !_X$ が成り立つものが存在するとき」としよう．

N：ほう，何を言っているんだ？ 話が全然つながっていないように聞こえるが．

S：これは Ω への射が命題だとか性質だとかと対応していることと，

そのカリー化が何なのかということを考えればわかる話だ．ここでも「三位一体」の関係が重要となってくる．要素 $x \in X$ に対して $\hat{P} \circ x \in \Omega^Y$ を考えると，これは逆カリー化と同型 $Y \cong Y \times 1$ とによって $Y \xrightarrow{P \circ \binom{x \circ !_Y}{1_Y}} \Omega$ に対応している．そしてこれは「$y \in Y$ で $P \circ \binom{x \circ !_Y}{1_Y} \circ y = P \circ \binom{x}{y}$ が True であるようなもの全体」と対応する．そして $\Omega^Y \xrightarrow{s_Y} \Omega$ は，与えられた Y の部分が単集合であるか否かを返すものだったから $s_Y \circ \hat{P} \circ x$ は，「$y \in Y$ で $P \circ \binom{x}{y} = $ True となるようなものがただ一つ存在するかどうか」を表す Ω の要素となる．

N：「$s_Y \circ \hat{P} = $ True $\circ !_X$」ということは，どんな $x \in X$ に対してもそのことが成り立つということか．まとめると「任意の $x \in X$ に対して，$y \in Y$ で $P \circ \binom{x}{y} = $ True となるものがただ一つ存在する」ということで，確かに普通の「写像」の定義に相当するものとなっているな．

S：こういった P が存在するとき，この P をあますところなく表現するような射 $X \longrightarrow Y$ がある，ということを示したい．正確に言うと

定理 4 トポスにおいて，対象 X, Y の積上の命題 $X \times Y \xrightarrow{P} \Omega$ で，そのカリー化 $X \xrightarrow{\hat{P}} \Omega^Y$ が
$$s_Y \circ \hat{P} = \text{True} \circ !_X \tag{11.3}$$
をみたすようなものに対して，射 $X \xrightarrow{f_P} Y$ で
$$P = \delta_Y \circ (f_P \times 1_Y) \tag{11.4}$$
となるようなものが一意に存在する．

ということだ．トポスが well-pointed であれば，先程の要素の対応から (11.3) が得られるが，一般には (11.3) の方が強い．とはいえ，射の関係式が要素に対してどういった意味を持つのかを調べることは一般のトポスにおいても重要だ．(11.4) なんかも要素 $\begin{pmatrix} x \\ y \end{pmatrix} \in X \times Y$ に対して考えた方が意味がわかりやすくなる．

N：左辺は

$$\delta_Y \circ (f_P \times 1_Y) \circ \begin{pmatrix} x \\ y \end{pmatrix} = \delta_Y \circ \begin{pmatrix} f_P \circ x \\ y \end{pmatrix}$$

となる．δ_Y は対角射 $Y \xrightarrow{\binom{1_Y}{1_Y}} Y \times Y$ の特性射だったから，これは $y = f_P \circ x$ であるときに限り True となるな．

S：つまり $P \circ \begin{pmatrix} x \\ y \end{pmatrix} = \text{True}$ であることと $y = f_P \circ x$ であることとが同値だということで，これが先程言った「P をあますところなく表現するような射」の意味だ．$\hat{P}$ のカリー化 $1 \xrightarrow{\bar{P}} (\Omega^Y)^X$ と $\Omega^{X \times Y} \xrightarrow{\text{check}} \Omega^X$ とを組み合わせるために，まずは $(\Omega^Y)^X$ と $\Omega^{X \times Y}$ との間の関係について調べよう．冪 $X_1^{X_2}$ に付随する評価を $\varepsilon_{X_1}^{X_2}$ と書き，積の結合律を表す同型射 $(X_1 \times X_2) \times X_3 \longrightarrow X_1 \times (X_2 \times X_3)$ は対象によらず α と書くことにする．$\in_Y$ や $\varepsilon_{\Omega^Y}^X$ を組み合わせると $(\Omega^Y)^X \times (X \times Y)$ から Ω への射が得られるので，冪 $\Omega^{X \times Y}$ の普遍性により，$(\Omega^Y)^X \xrightarrow{\beta} \Omega^{X \times Y}$ で

$$
\begin{array}{ccc}
(\Omega^Y)^X \times (X \times Y) & \xrightarrow{\alpha^{-1}} ((\Omega^Y)^X \times X) \times Y \xrightarrow{\varepsilon_{\Omega^Y}^X \times 1_Y} & \Omega^Y \times Y \\
\beta \times 1_{X \times Y} \downarrow & & \downarrow \in_Y \\
\Omega^{X \times Y} \times (X \times Y) & \xrightarrow{\quad\quad \in_{X \times Y} \quad\quad} & \Omega
\end{array}
$$

を可換にするものが一意に存在する．これと，$\hat{\in}_{X \times Y}$ の定義から得られる可換図式

$$((\Omega^Y)^X \times X) \times Y \xrightarrow{(\beta \times 1_X) \times 1_Y} (\Omega^{X \times Y} \times X) \times Y \xrightarrow{\widehat{\in}_{X \times Y} \times 1_Y} \Omega^Y \times Y$$

縦に α、α、$\in_Y$ の射があり、下段は

$$(\Omega^Y)^X \times (X \times Y) \xrightarrow{\beta \times 1_{X \times Y}} \Omega^{X \times Y} \times (X \times Y) \xrightarrow{\in_{X \times Y}} \Omega$$

とを合わせると，$((\Omega^Y)^X \times X) \times Y$ から Ω への射として

$$\in_Y \circ (\varepsilon_{\Omega^Y}^X \times 1_Y) = \in_Y \circ (\widehat{\in}_{X \times Y} \times 1_Y) \circ ((\beta \times 1_X) \times 1_Y)$$

であることがわかる．逆カリー化を考えれば

$$\varepsilon_{\Omega^Y}^X = \widehat{\in}_{X \times Y} \circ (\beta \times 1_X) \tag{11.5}$$

だ．あとは $\overline{P}$ が $\hat{P}$ のカリー化であること，そして check の定義を合わせれば

$$1 \times X \xrightarrow{\overline{P} \times 1_X} (\Omega^Y)^X \times X \xrightarrow{\beta \times 1_X} \Omega^{X \times Y} \times X \xrightarrow{\text{check} \times 1_X} \Omega^X \times X$$

縦に π^2、$\widehat{\in}_{X \times Y}$、$\in_X$ の射があり，下段は

$$X \xrightarrow{\hat{P}} \Omega^Y \xrightarrow{s_Y} \Omega$$

で斜めに $\varepsilon_{\Omega^Y}^X$

という可換図式が得られる．

N： なんともややこしい話だなあ．まとめると

$$\in_X \circ (\text{check} \times 1_X) \circ (\beta \times 1_X) \circ (\overline{P} \times 1_X) = s_Y \circ \hat{P} \circ \pi^2$$

で，仮定の $s_Y \circ \hat{P} = \text{True} \circ !_X$ が使える形になっているな．

S： ここからさらに t_X を定義する可換図式

$$X \xrightarrow{!_X} 1 \xrightarrow{\text{True}} \Omega$$

縦に π^2、$\in_X$ の射があり，下段は

$$1 \times X \xrightarrow{t_X \times 1_X} \Omega^X \times X$$

を用いると，右辺は $\in_X \circ (t_X \times 1_X)$ に等しいことがわかるから，逆カリー化によって

$$\text{check} \circ \beta \circ \overline{P} = t_X$$

となる．$\Omega^{X \times Y} \xrightarrow{\text{check}} \Omega^X \xleftarrow{t_X} 1$ の引き戻しとして $Y^X \xrightarrow{m} \Omega^{X \times Y}$ を定めたから，引き戻しの普遍性により $1 \xrightarrow{\hat{f}_P} Y^X$ で

$$
\begin{array}{ccc}
1 & \xrightarrow{\widehat{f}_P} & Y^X \\
{\scriptstyle \overline{P}} \downarrow & & \downarrow {\scriptstyle m} \\
(\Omega^Y)^X & \xrightarrow{\beta} & \Omega^{X \times Y}
\end{array}
\tag{11.6}
$$

を可換にするものが一意に存在する．

N： $1 \xrightarrow{\hat{f}_P} Y^X$ が得られたから，あとはこれを逆カリー化して $X \xrightarrow{f_P} Y$ を作れば良いな．（11.1），（11.6）を合わせれば

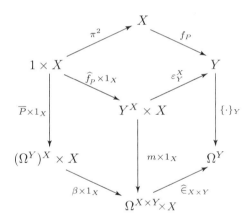

となるから

$$\{\cdot\}_Y \circ f_P \circ \pi^2 = \hat{\in}_{X \times Y} \circ (\beta \times 1_X) \circ (\overline{P} \times 1_X)$$

だ．（11.5）によって，右辺は

$$\hat{\in}_{X \times Y} \circ (\beta \times 1_X) \circ (\overline{P} \times 1_X) = \varepsilon^X_{\Omega^Y} \circ (\overline{P} \times 1_X) = \hat{P} \circ \pi^2$$

と変形できる．$1 \times X \xrightarrow{\pi^2} X$ は同型射だから

$$\{\cdot\}_Y \circ f_P = \hat{P}$$

だ.

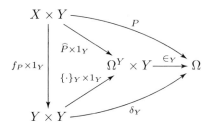

が得られるから

$$P = \delta_Y \circ (f_P \times 1_Y)$$

だな.

S: これで特に **Set** のような well-pointed なトポスにおいては, 要素から要素への対応が射を定めることがわかった. ということで, いかにも集合だという雰囲気が出てきただろう. さて次回は「命題全体の圏」を特殊例として含むような圏について調べていくことにする.

N: 命題は射なんだから, また一般射圏(コンマ)の出番なのか？

S: そうそう,「スライス圏」という「ある特定の対象への射全体から成る圏」なんだが, 詳しくは次回だ.

1. スライス圏における極限，余極限

S：ぼんやりと何とかなるだろうと思っていたけれど，大変面倒だ．

N：いきなり何の話だ，人生か？ 確かに何ともならんし，面倒だが．

S：君の人生観など知ったことではないぞ．トポスの話だよ．いざ真剣に取り組んでみると大変ややこしい．だからやれるところまでやって終わろう．

N：なんだ君，そのような態度で良いと思っているのか．

S：だが定義によって，やれることより多くのことはやれないだろう．私を責めるのではなく論理を責めたまえ．とにかく重要なのはスライス圏だ．

N：ある特定の対象への射全体だったか．圏 $\mathcal{C}$ の対象 X について，これを圏 $\mathbf{1}^{*1}$ から $\mathcal{C}$ への関手で X にうつすものと同一視すれば，一般射圏（コンマ $(\mathrm{id}_{\mathcal{C}} \longrightarrow X)$ で表せるな．

S：これを X 上の**スライス圏**（slice category）と呼んで $\mathcal{C}/X$ と表す．

---

*1 ただ一つの対象，射からなる圏．

$\mathcal{C}/X$ の射の実体は $\mathcal{C}$ の可換図式なわけだが，違う圏なんだという ことをはっきりさせるために $A \xrightarrow{a} X \xleftarrow{b} B$ のことを $[a] \xrightarrow{f} [b]$ と 書くことにしよう．f は，$\mathcal{C}$ と $\mathcal{C}/X$ とで同じ表記を用いているが， まあこれくらい区別しておけば大丈夫だろう．それで本題だが， トポス $\mathcal{E}$ については，任意の対象 X 上のスライス圏 $\mathcal{E}/X$ が再び トポスになるという大定理がある．

N：前回，トポスであるためには一般の対象に対する冪までは必要 ではなく，冪対象があれば良いということを示したから，$\mathcal{E}/X$ に 有限極限，有限余極限，部分対象分類子，冪対象があることが わかれば良いな．

S：まず極限について考えよう．重要になってくるのは $\mathcal{E}/X$ から $\mathcal{E}$ への関手で，$[a]$ を A に対応させるものだ．要は，射 $A \xrightarrow{a} X$ の 矢印を切ってしまうようなものだな．これを Σ_X として，型 $\mathcal{J}$ の 図式 $D : \mathcal{J} \longrightarrow \mathcal{E}/X$ を考えよう．で，極限だ．

N：一般射圏（コンマ）$(\Delta_{\mathcal{E}/X} \longrightarrow D)$ の終対象だったな．一般射圏の一 般射圏（コンマ）とはおぞましい．対象は，$\mathcal{E}$ の射 $N \xrightarrow{n} X$ を用いて $\Delta_{\mathcal{E}/X}([n]) \xRightarrow{f} D$ と表される．極限の保存のときのように Σ_X でう つしてやれば，$\Delta_{\mathcal{E}}(N) \xRightarrow{f} \Sigma_X D$ と $(\Delta_{\mathcal{E}} \longrightarrow \Sigma_X D)$ の話になるな． $\mathcal{E}$ は有限極限を持つのだから，$\mathcal{J}$ がこの種の圏なら $(\Delta_{\mathcal{E}} \longrightarrow \Sigma_X D)$ は終対象を持つ．これを $\Delta_{\mathcal{E}}(L) \xRightarrow{g} \Sigma_X D$ とでもするか．それで， あと何が必要なんだっけ？

S：あとは，こうして作った L から X への射がそもそも存在するか が問題だ．そうでなければスライス圏の対象とみなせないからな． 今のところ，$\mathcal{J}$ の射 $i \xrightarrow{\alpha} j$ に対して次のような $\mathcal{E}$ の可換図式が得 られている．

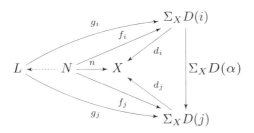

i に対して射 $\Sigma_X D(i) \longrightarrow X$ を d_i とした．問題の $L \longrightarrow X$ だが，この図式には $\Sigma_X D(i)$ を経由する $d_i \circ g_i$ と $\Sigma_X D(j)$ を経由する $d_j \circ g_j$ との2種類が現れている．ところが $d_i \circ g_i = d_j \circ \Sigma_X D(\alpha) \circ g_i = d_j \circ g_j$ だから，これらは等しいんだ．

N： ほう，それは良かった．

S： 安心するのはまだ早い．今言えたのは，射 $i \overset{\alpha}{\longrightarrow} j$ が存在するときに $L \longrightarrow X$ が同じものになるということで，たとえば引き戻しの型である $\mathcal{J} = \boxed{i \rightarrow k \leftarrow j}$ に対しては i, j, k の選び方に依らない $L \longrightarrow X$ が得られるけれど，積の型である $\mathcal{J} = \boxed{i \quad j}$ に対してはそうは言えない．

N： そうか，残念だったな．

S： 諦めるのはまだ早い．まず，簡単に確かめられることだが，$\mathcal{E}/X$ には $X \overset{1_X}{\longrightarrow} X$ から定まる $[1_X]$ という終対象が存在する．以前話したように，終対象がある圏において積 $A \times B$ は引き戻し $A \times_1 B$ に等しい[*2]．これは型の立場で言えば，$\mathcal{J} = \boxed{i \quad j}$ の図式と終対象を付け加えた $\mathcal{J}_* = \boxed{i \rightarrow * \leftarrow j}$ の図式とを区別できないということだ．言い換えれば，たとえ $\mathcal{J}$ が「繋がって」いなくても，終対象を介して「繋がった」$\mathcal{J}_*$ を考えられるということだ．

[*2] 第3話参照．

と，まあ大分一般的なことを言ったが，「有限極限が存在する」ことと「終対象と引き戻しとが存在する」こととが同値だから[*3]，有限極限の存在については $\mathcal{E}/X$ の引き戻しが $\mathcal{E}$ の引き戻しで定められるということだ．だが，今の議論を通じて，$\mathcal{E}/X$ の積もまた $\mathcal{E}$ の引き戻しで定められるということがわかった．あとは余極限だが，$0 \xrightarrow{0_X} X$ から定まる $[0_X]$ が $\mathcal{E}/X$ の始対象だ[*4]．一般の余極限については先程と同じように図式を描いてみればわかるんだが，実は今度は「繋がっている」だのいないだのの区別が要らない．

N： 余極限は始対象だから，X への射が自動的に一つ定まってしまうからな．

S： 主な対応をまとめると

定理 1　トポス $\mathcal{E}$ の任意の対象 X に対し，スライス圏 $\mathcal{E}/X$ は任意の有限極限，有限余極限を持つ．特に引き戻しは引き戻し，余積は余積に対応する．$\mathcal{E}/X$ の積は引き戻しの特殊な場合なので，$\mathcal{E}$ の引き戻しに対応する．

N： 次は部分対象分類子か？　一般には Ω から X への射は存在しないと思うが．

S： もちろんそうだが，X との積 $\Omega \times X$ を考えれば，自然な射 $\Omega \times X \xrightarrow{\pi^2_{\Omega,X}} X$ が得られる．実はここから定まる $[\pi^2_{\Omega,X}]$ が $\mathcal{E}/X$ の部分対象分類子の余域となるんだ．

[*3]　第 3 話参照．

[*4]　終対象の場合と違い，$\mathcal{E}$ の始対象が必要となる．一般の圏 $\mathcal{C}$ の場合，スライス圏 $\mathcal{C}/X$ は必ず終対象を持つが，$\mathcal{C}$ が始対象を持つ場合に限り $\mathcal{C}/X$ は始対象を持つ．

N：そんな作り方をして良いのか？ $\mathcal{E}$ の射 $A \xrightarrow{a} X$, $B \xrightarrow{b} X$ に対して，$\mathcal{E}/X$ の単射 $[a] \xrightarrow{f} [b]$ を考えたとき，この特性射がどうなるかが問題だな．

S：単射の定義に立ち戻れば，f は $\mathcal{E}$ の射とみても単射だ．f の $\mathcal{E}$ における特性射を φ とすると

$$
\begin{array}{ccc}
A & \xrightarrow{\ a\ } & X \\
{\scriptstyle f}\downarrow & & \downarrow {\scriptstyle \binom{\mathrm{True}_X}{1_X}} \\
B & \xrightarrow[\binom{\varphi}{b}]{} & \Omega \times X
\end{array}
$$

は $\mathcal{E}$ における引き戻しの図式となる[*5]．つまり，$\dbinom{\varphi}{b}$ が $\mathcal{E}/X$ での特性射で $\dbinom{\mathrm{True}_X}{1_X}$ が "True" にあたる．

2. トポスの基本定理

N：あとは冪対象か．

S：実は我々が必要なのは冪，もっといえば $\mathcal{E}/X$ における分配法則だけなのだがな，冪対象の構成以外はすでに述べたように単純なものなので折角だからついでに述べておいた．本当に面倒なのは

[*5] $B \xleftarrow{f} A \xrightarrow{a} X$ の代わりに $B \xleftarrow{z_1} Z \xrightarrow{z_2} X$ を使った図式が可換だとすると，積の第一成分を比較することで $\varphi \circ z_1 = \mathrm{True}_X \circ z_2 = \mathrm{True}_Z$ がわかる．φ は f の特性射だから $Z \xrightarrow{u} A$ で $z_1 = f \circ u$ なるものが一意に存在する．第二成分からは $b \circ z_1 = z_2$ が従うが，f の定義から $a = b \circ f$ であることと合わせて $z_2 = b \circ z_1 = b \circ f \circ u = a \circ u$ が得られる．

ここからだ.

N：もう終わりだと思っていたのに，君は卑怯にも僕を騙していたわけか.

S：君が愚かにもそのように油断していることは明らかだったが，思想良心の自由を尊重する私は何も口出ししなかっただけのこと，責められるいわれなどないぞ．くだらん言いがかりをつけている暇があったら，積を域とする射を変形していって冪対象への射を構成したまえ.

N：そんなややこしそうなものをこちらに放り投げないでくれ．$\mathcal{E}$ の射 $A \xrightarrow{a} X$, $B \xrightarrow{b} X$ に対して，$\mathcal{E}/X$ における積 $[a] \times [b]$ を域とする射 $[a] \times [b] \longrightarrow [\pi^2_{\Omega, X}]$ から始めて，冪の普遍性が存在を主張する $[a] \longrightarrow [\pi^2_{\Omega, X}]^{[b]}$ が作れれば良いのか.

S：もちろん，その $[\pi^2_{\Omega, X}]^{[b]}$ が何なのかを含めて確認していかなければならない．前回に引き続き "Sheaves in Geometry and Logic" を参考にしよう．まず，スライス圏の積は元の圏の引き戻しだったから，$[a] \times [b] \longrightarrow [\pi^2_{\Omega, X}]$ は $A \times_X B \longrightarrow \Omega$ と一対一に対応する．これを f とおいて話を進めよう．念のために対応を示しておくと，$A \xrightarrow{a} X \xleftarrow{b} B$ の引き戻しを $A \xleftarrow{p_1} A \times_X B \xrightarrow{p_2} B$ としたとき，元の $[a] \times [b] \longrightarrow [\pi^2_{\Omega, X}]$ は $\begin{pmatrix} f \\ a \circ p_1 \end{pmatrix}$ と表される．$a \circ p_1 = b \circ p_2$ だから $\begin{pmatrix} f \\ b \circ p_2 \end{pmatrix}$ だともいえるが．さて次に，f を特性射とするような $A \times_X B$ の部分 $M \xrightarrow{m} A \times_X B$ が同型を同一視すれば一意に定まる．さらにこれと単射 $A \times_X B \xrightarrow{\binom{p_1}{p_2}} A \times B$ とを合成すると，$A \times B$ の部分 $M \xrightarrow{\binom{p_1}{p_2} \circ m} A \times B$ が得られる．言い換えれば，「$A \times B$ の部分

$M \xrightarrow{\overline{m}} A \times B$ のうち，適当な $M \xrightarrow{m} A \times_X B$ を用いて $\overline{m} = \binom{p_1}{p_2} \circ m$ と表されるもの」と f との間に一対一の対応があるということになる．もちろん「同型を同一視すれば」ということだが．要は，「$A \times_X B$ の部分 m」よりはわかりやすい「$A \times B$ の部分 $\overline{m}$」について考えれば良いということだ．こう視点を変更できるのは，もし $M' \xrightarrow{m'} A \times_X B$ で $\overline{m} = \binom{p_1}{p_2} \circ m'$ となるようなものがあれば，$\binom{p_1}{p_2}$ が単射であることによって $m = m'$ となるからで，ここでも一対一の対応は保たれている．

N：ふうん，なるほどな．だがそもそも $\binom{p_1}{p_2}$ は単射なのか？

S：おや，言っていなかったか？ これは

$$
\begin{array}{ccccc}
A \times_X B & \xrightarrow{\ a \circ p_1\ } & X & \xrightarrow{\ !_X\ } & 1 \\
{\scriptstyle \binom{p_1}{p_2}} \downarrow & & {\scriptstyle \binom{1_X}{1_X}} \downarrow & & \downarrow {\scriptstyle \text{True}} \\
A \times B & \xrightarrow{\ a \times b\ } & X \times X & \xrightarrow{\ \delta_X\ } & \Omega
\end{array}
$$

から明らかだろう．右の四角形は δ_X を定義する引き戻しの図式で，左の四角形は $A \times_X B$ の定義を言い換えた引き戻しの図式だ．実際，$A \times B \xleftarrow{z_1} Z \xrightarrow{z_2} X$ が $(a \times b) \circ z_1 = \binom{1_X}{1_X} \circ z_2$ をみたすとき，$a \circ \pi^1_{A,B} \circ z_1 = b \circ \pi^2_{A,B} \circ z_1$ が成り立つから，$A \times_X B$ の普遍性により $Z \xrightarrow{u} A \times_X B$ で $p_1 \circ u = \pi^1_{A,B} \circ z_1$ および $p_2 \circ u = \pi^2_{A,B} \circ z_1$ をみたすものが一意に存在する．この 2 つをまとめると，$\binom{p_1}{p_2} \circ u = \binom{\pi^1_{A,B}}{\pi^2_{A,B}} \circ z_1 = z_1$ で，また $a \circ p_1 \circ u = a \circ \pi^1_{A,B} \circ z_1 = z_2$ だから，左の四角形は引き戻しだ．というわけで，2 つ合わせた四角形全体が引

き戻しとなるから，$\binom{p_1}{p_2}$ は $\delta_X \circ (a \times b)$ を特性射とする単射だ．さて，一対一対応の話の続きに戻ろう．射 $A \times_X B \xrightarrow{f} X$ を $A \times B$ の部分 $\overline{m}$ に対応させたが，ここからは特性射への対応を考える．$m, \overline{m}$ それぞれの特性射の間の関係をみるために，次の補題を用いる：

補題2　トポスにおける射 $X \xrightarrow{f} Y$ および単射 $Y \xrightarrow{g} Z$ に対して，$X \xleftarrow{1_X} X \xrightarrow{f} Y$ は $X \xrightarrow{g \circ f} Z \xleftarrow{g} Y$ の引き戻しである．

N： $X \xleftarrow{w_1} W \xrightarrow{w_2} Y$ が $g \circ f \circ w_1 = g \circ w_2$ をみたすとすると，g は単射だから $f \circ w_1 = w_2$ だな．普遍性が要求する射 $W \longrightarrow X$ として w_1 をとれば良いことがわかる．そして $X \xrightarrow{1_X} X$ があるから w_1 以外にはあり得ないわけか．

S： この結果から

$$
\begin{array}{ccc}
M & \xrightarrow{\ m\ } & A \times_X B \\
{\scriptstyle 1_M}\downarrow & & \downarrow{\scriptstyle \binom{p_1}{p_2}} \\
M & \xrightarrow{\ \overline{m}\ } & A \times B
\end{array}
$$

が引き戻しだとわかる．$\overline{m}$ の特性射を $\overline{f}$ として，この図式と $\overline{f}$ を定める引き戻しの図式とを組み合わせれば，$\overline{f} \circ \binom{p_1}{p_2}$ が m の特性射とわかるから $f = \overline{f} \circ \binom{p_1}{p_2}$ だ．ここで今後の話を進めるために重要な射を導入しておこう．$1 \xrightarrow{\binom{\text{True}}{\text{True}}} \Omega \times \Omega$ の特性射を $\Omega \times \Omega \xrightarrow{\wedge} \Omega$ とする．

N： True 同士にのみ True を返すということは，論理の「かつ」にあ

たるものだな．

S： その通りだ．命題論理で必要となる他の論理記号もトポスの射として定義できるが，この話は次回に回そう．論理における「かつ」があれば，対象間の「かつ」，つまり集合でいう「共通部分」との関連について議論できる．何度も言っている通り，引き戻しは逆像に相当するものだから，2 つの単射の引き戻しが共通部分に相当するだろう．そこで，対象 X の部分 $M_1 \xrightarrow{m_1} X$, $M_2 \xrightarrow{m_2} X$ に対して，$M_1 \xrightarrow{m_1} X \xleftarrow{m_2} M_2$ の引き戻しを $M_1 \xleftarrow{\iota_1} M_1 \cap N_2 \xrightarrow{\iota_2} M_2$ と書き，さらに $M_1 \cap M_2$ から X への射 $m_1 \circ \iota_1 = m_2 \circ \iota_2$ を $m_1 \cap m_2$ と書くことにしよう．すると

補題3 トポスにおいて，対象 X の部分 $M_1 \xrightarrow{m_1} X$, $M_2 \xrightarrow{m_2} X$ の特性射をそれぞれ φ_1, φ_2 とすると，$M_1 \cap M_2 \xrightarrow{m_1 \cap m_2} X$ の特性射は $\varphi_1 \wedge \varphi_2 := \wedge \circ \begin{pmatrix} \varphi_1 \\ \varphi_2 \end{pmatrix}$ である．

ことがいえる．これは $X \xrightarrow{\begin{pmatrix} \varphi_1 \\ \varphi_2 \end{pmatrix}} \Omega \times \Omega \xleftarrow{\begin{pmatrix} \text{True} \\ \text{True} \end{pmatrix}} 1$ の引き戻しが $X \xleftarrow{m_1 \cap m_2} M_1 \cap M_2 \longrightarrow 1$ であることによる．

N： それが引き戻しなのだったら，$\wedge$ の定義と合わせた

$$
\begin{array}{ccccc}
M_1 \cap M_2 & \longrightarrow & 1 & \longrightarrow & 1 \\
\downarrow{\scriptstyle m_1 \cap m_2} & & \downarrow{\scriptstyle \begin{pmatrix} \text{True} \\ \text{True} \end{pmatrix}} & & \downarrow{\scriptstyle \text{True}} \\
X & \xrightarrow{\begin{pmatrix} \varphi_1 \\ \varphi_2 \end{pmatrix}} & \Omega \times \Omega & \xrightarrow{\wedge} & \Omega
\end{array}
$$

が引き戻しになるから，$\wedge \circ \begin{pmatrix} \varphi_1 \\ \varphi_2 \end{pmatrix}$ が $m_1 \cap m_2$ の特性射だとわかる

な．$X \xleftarrow{z} Z \longrightarrow 1$ が $\binom{\varphi_1}{\varphi_1} \circ z = \binom{\text{True}}{\text{True}} \circ !_z$ をみたすとすると，φ_1, φ_2 が m_1, m_2 の特性射であることから，$Z \xrightarrow{u_1} M_1$, $Z \xrightarrow{u_2} M_2$ で $z = m_1 \circ u_1 = m_2 \circ u_2$ をみたすものが一意に存在する．$M_1 \xrightarrow{m_1} X$ $\xleftarrow{m_2} M_2$ の引き戻しは $M_1 \xleftarrow{\iota_1} M \cap N \xrightarrow{\iota_2} M_2$ だから，$Z \xrightarrow{v} M_1 \cap M_2$ で $u_1 = \iota_1 \circ v$ および $u_2 = \iota_2 \circ v$ をみたすものが一意に存在する．$(m_1 \cap m_2) \circ v = m_1 \circ \iota_1 \circ v = m_1 \circ u_1 = z$ だから，確かに $X \xleftarrow{m_1 \cap m_2} M_1 \cap M_2 \longrightarrow 1$ は $X \xrightarrow{\binom{\varphi_1}{\varphi_2}} \Omega \times \Omega \xleftarrow{\binom{\text{True}}{\text{True}}} 1$ の引き戻しだ．

S： 補題 2 と合わせて次の結果が得られる：

補題 4 トポスにおいて，対象 X の部分 $M_1 \xrightarrow{m_1} X$, $M_2 \xrightarrow{m_2} X$ の特性射をそれぞれ φ_1, φ_2 とする．射 $M_1 \xrightarrow{\alpha} M_2$ で $m_1 = m_2 \circ \alpha$ なるものが存在することと $\varphi_1 \wedge \varphi_2 = \varphi_1$ であることとは同値である．

こういった α が存在すれば，補題 2 により

$$
\begin{array}{ccc}
M_1 & \xrightarrow{\ \alpha\ } & M_2 \\
{\scriptstyle 1_{M_1}}\big\downarrow & & \big\downarrow{\scriptstyle m_2} \\
M_1 & \xrightarrow[m_1]{} & X
\end{array}
$$

が引き戻しとなる．m_1 の特性射が φ_1 である一方，補題 3 により，$M_1 \xrightarrow{m_1} X \xleftarrow{m_2} M_2$ の引き戻しの特性射は $\varphi_1 \wedge \varphi_2$ だから $\varphi_1 = \varphi_1 \wedge \varphi_2$ だ．逆に $\varphi_1 = \varphi_1 \wedge \varphi_2$ だとすると同型射 $M_1 \xrightarrow{u} M_1 \cap M_2$ で $(m_1 \cap m_2) \circ u = m_1$ となるものが存在する．$m_2 \circ (\iota_2 \circ u) = (m_1 \cap m_2) \circ u = m_1$ となるから，この $\iota_2 \circ u$ が α ということだ．

N： $A \times_X B \xrightarrow{f} \Omega$ は，同型を同一視すれば「$A \times B$ の部分 $M \xrightarrow{\bar{m}} A \times B$ のうち，適当な $M \xrightarrow{m} A \times_X B$ を用いて $\bar{m} = \binom{p_1}{p_2} \circ m$

と表されるもの」と一対一に対応していたから，この補題が使える状況になっているな．

S：$\binom{p_1}{p_2}$ の特性射 $\delta_X \circ (a \times b)$ を φ とおくと，「$A \times B \xrightarrow{\bar{f}} \Omega$ で $\bar{f} = \bar{f} \wedge \varphi$ なるもの」と対応するということだ．さらに $A \times B \longrightarrow \Omega$ から $A \longrightarrow \Omega^B$ へのカリー化を考えることで「$A \xrightarrow{\hat{\bar{f}}} \Omega^B$ で $\hat{\bar{f}} = \hat{\bar{f}} \bar{\wedge} \hat{\varphi}$ なるもの」と言い換えられる．$\hat{\bar{f}}, \hat{\varphi}$ は $\bar{f}, \varphi$ のカリー化で，「$\bar{\wedge}$」は $\Omega^B \times \Omega^B \xrightarrow{\cong} (\Omega \times \Omega)^B \xrightarrow{\wedge^B} \Omega^B$ を表す．先程と同じく $\hat{\bar{f}} \bar{\wedge} \hat{\varphi} = \bar{\wedge} \circ \binom{\hat{\bar{f}}}{\hat{\varphi}}$ という記法を用いている．

N：望むものに近付いているのか遠のいているのかよくわからんな．冪対象 Ω^B が出ていて近いような気もするが，君，まさか酩酊して意味不明に彷徨っているのではないだろうね．

S：ふん，あと一息だ，我慢したまえ．こっちも苦労しているんだ．$\hat{\varphi}$ がどんな射なのかを調べていこう．φ は $\delta_X \circ (a \times b)$ だったが，例のごとくなんやかんやと描いていくと図式

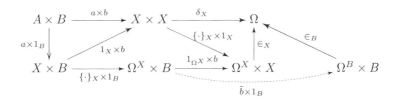

が得られる．点線で描いた「$\tilde{b} \times 1_B$」における「$\tilde{b}$」は，$\Omega^X \times B \xrightarrow{1_{\Omega^X} \times b} \Omega^X \times X \xrightarrow{\in_X} \Omega$ に対して冪 Ω^B が有する普遍性から得られる射 $\Omega^X \longrightarrow \Omega^B$ だ．この図式から

$$\varphi = \delta_X \circ (a \times b) = \in_X \circ ((\tilde{b} \circ \{\cdot\}_X \circ a) \times 1_B)$$

だから，$\hat{\varphi} = \tilde{b} \circ \{\cdot\}_X \circ a$ だ．$\binom{\hat{\bar{f}}}{\hat{\varphi}} = (1_{\Omega^B} \times (\tilde{b} \circ \{\cdot\}_X)) \circ \binom{\hat{\bar{f}}}{a}$ と変形で

きるから， $t = \overline{\wedge} \circ (1_{\Omega^B} \times (\tilde{b} \circ \{\cdot\}_X))$ とおけば，$\hat{\overline{f}}$ がみたすべき条件「$\hat{\overline{f}} = \hat{\overline{f}} \overline{\wedge} \hat{\varphi}$」は「$\pi^1_{\Omega^B, X} \circ \begin{pmatrix} \hat{\overline{f}} \\ a \end{pmatrix} = t \circ \begin{pmatrix} \hat{\overline{f}} \\ a \end{pmatrix}$」と変形できる．

N： なるほど，いかにも 解(イコライザ) が使えそうな形だな．$\Omega^B \times X \underset{\pi^1_{\Omega^B, X}}{\overset{t}{\rightrightarrows}} \Omega^B$ の 解(イコライザ) を $E \xrightarrow{\mathrm{eq}} \Omega^B \times X$ とすれば，$A \xrightarrow{u} E$ で $\begin{pmatrix} \hat{\overline{f}} \\ a \end{pmatrix} = \mathrm{eq} \circ u$ なるものが一意に存在する．A からの射がようやく得られたということは，これがあれか．

S： なにをあやふやなことを．これがそれだよ．積の自然な射 $\Omega^B \times X \xrightarrow{\pi^2_{\Omega^B, X}} X$ と合成すれば，E から X への射 $e := \pi^2_{\Omega^B, X} \circ \mathrm{eq}$ が得られる．この $\mathcal{E}$ の射 e に対応する $\mathcal{E}/X$ の対象 $[e]$ が冪対象 $[\pi^2_{\Omega, X}]^{[b]}$ となるわけだが，これを確かめるために今までの一対一対応を振り返ろう．

N： 積からの射 $[a] \times [b] \xrightarrow{\left(\overset{f}{a \circ p_1}\right)} [\pi^2_{\Omega, X}]$ から始めて $[a] \xrightarrow{u} [e]$ という射が得られたのだからもう良いじゃないか．

S： いやいや，冪の自然な射と絡んだ可換性が言えて初めてこれが冪なのだと言えるんだから，まだあと一歩足りない．だがまあ本当に「あと一歩」だ．冪の自然な射 $\in_{[b]}$ は余単位なのだから，恒等射 $E \xrightarrow{1_E} E$ に対応する $E \times_X B \longrightarrow \Omega$ を考えれば良い．これを g として，$E \xrightarrow{e} X \xleftarrow{b} B$ の引き戻しを $E \xleftarrow{q_1} E \times_X B \xrightarrow{q_2} B$ とすれば，$\mathrm{eq} = \begin{pmatrix} \hat{\overline{g}} \\ e \end{pmatrix}$，$\in_{[b]} = \begin{pmatrix} g \\ e \circ q_1 \end{pmatrix}$ と表される．$\begin{pmatrix} \hat{\overline{f}} \\ a \end{pmatrix} = \mathrm{eq} \circ u$ だったから，第 1 成分を比較すると $\hat{\overline{f}} = \hat{\overline{g}} \circ u$ で，逆カリー化により $\overline{f} = \overline{g} \circ (u \times 1_B)$ がわかる．第 2 成分を比較すると $a = e \circ u$ だから，$e \circ u \circ p_1 = a \circ p_1 = b \circ p_1$ となって，$E \times_X B$ の普遍性により $A \times_X B \xrightarrow{v} E \times_X B$ で $u \circ p_1 = q_1 \circ u$ および $p_2 = q_2 \circ u$ をみたすものが一意に存在する．この v が，$\mathcal{E}/X$ における $[a] \xrightarrow{u} [b]$ と

$[b] \xrightarrow{1_{[b]}} [b]$ との積 $[a] \times [b] \longrightarrow [e] \times [b]$ だ. まとめると

$$
\begin{array}{ccc}
A \times_X B & \xrightarrow{\ v\ } & E \times_X B \xrightarrow{\ g\ } \Omega \\
{\scriptsize\begin{pmatrix} p_1 \\ p_2 \end{pmatrix}}\Big\downarrow & & {\scriptsize\begin{pmatrix} q_1 \\ q_2 \end{pmatrix}}\Big\downarrow \quad {\nearrow}{\overline{g}} \\
A \times B & \xrightarrow{\ u \times 1_B\ } & E \times B
\end{array}
$$

だ. これと $\overline{f} = \overline{g} \circ (u \times 1_B)$ とを合わせて

$$
g \circ v = \overline{g} \circ (u \times 1_B) \circ \begin{pmatrix} p_1 \\ p_2 \end{pmatrix} = \overline{f} \circ \begin{pmatrix} p_1 \\ p_2 \end{pmatrix} = f
$$

を得る. $a \circ p_1 = e \circ u \circ p_1 = e \circ q_1 \circ v$ だから

$$
\begin{pmatrix} f \\ a \circ p_1 \end{pmatrix} = \begin{pmatrix} g \circ v \\ e \circ q_1 \circ v \end{pmatrix} = \in_{[b]} \circ\, v
$$

で, 冪の普遍性もいえた.

N: $\mathcal{E}/X$ の射 $[a] \times [b] \xrightarrow{\left(\begin{smallmatrix} f \\ a \circ p_1 \end{smallmatrix}\right)} [\pi^2_{\Omega, X}]$ に対して $[a] \xrightarrow{u} [e]$ で, $[b] \xrightarrow{1_{[b]}} [b]$ との積 $[a] \times [b] \xrightarrow{u} [e] \times [b]$ が

$$
\begin{array}{ccc}
[e] \times [b] & \xrightarrow{\ \in_{[b]}\ } & [\pi^2_{\Omega, X}] \\
{\scriptstyle v}\Big\uparrow & {\nearrow} & \\
[a] \times [b] & & {\scriptsize\begin{pmatrix} f \\ a \circ p_1 \end{pmatrix}}
\end{array}
$$

を可換にするようなものが一意に存在するというわけで, これで終わりか.

S: ということで, まとめると

定理 5　トポス $\mathcal{E}$ の任意の対象 X に対して, スライス圏 $\mathcal{E}/X$ はトポスである.

ことがわかった. まあ, 本当に欲しかったのは, $\mathcal{E}/X$ における分配法則

$$([b] + [c]) \times [a] \cong [b] \times [a] + [c] \times [a]$$

なのだがな．これがどう使えるかを示すために，まず以前述べた単射の引き戻しによる特徴付け，そして「互いに素」という概念をスライス圏の言葉で述べておこう[*6]：

補題 5　圏 $\mathcal{C}$ の射 $M \xrightarrow{m} X$ が単射であることと，スライス圏 $\mathcal{C}/X$ において $[m] \times [m] \cong [m]$ であることとは同値である．また $M \xrightarrow{m} X$, $N \xrightarrow{n} X$ が互いに素であることと $[m] \times [n] \cong [0_X]$ であることとは同値である．

一言でいえば，単射性が「冪等性」，互いに素であることが「直交性」と言い換えられるということだ．すると

補題 6　トポス $\mathcal{E}$ の互いに素な単射 $M \xrightarrow{m} X$, $N \xrightarrow{n} X$ について，$M + N \xrightarrow{(m\ n)} X$ は単射である．

なんかは自明だろう．

N：$\mathcal{E}/X$ において $[(m\ n)] \cong [m] + [n]$ であることと分配法則，冪等性および直交性から $[m] + [n]$ の自乗が $[m] + [n]$ 自身になるからな．

S：そうすると

系 7　非退化なトポス $\mathcal{E}$ において，$1 + 1 \xrightarrow{(\text{True False})} \Omega$ は単射である．

[*6]　第 10 話参照

ということがわかる．射 $\Omega \overset{f}{\underset{g}{\rightrightarrows}} X$ で，$f \circ (\mathrm{True}\ \mathrm{False}) = g \circ (\mathrm{True}$ False) なるものを考えると，$f \circ \mathrm{True} = g \circ \mathrm{True}$ かつ $f \circ \mathrm{False} = g \circ \mathrm{False}$ が成り立つが，**Set** では，Ω の要素は True, False の二つのみだから，well-pointed の仮定により (True False) は全射で，

定理 8 **Set** において $1+1$ と Ω とは同型である．

ことがわかる[*7]．すなわち「$1+1=2$」だ．これで小学校の算数がわかったことになるから，まあ高校で学ぶことまでは終わったことになるといって良いだろう．

N：解析方面だとまだ色々計算のための道具が必要になるけれど，代数方面だと確かにもうやることもあまりないな．

S：そんなわけで，次からはいよいよ「大学での数学」の話をしよう．

[*7] 「Ω の要素が True, False のみである」ことの証明には well-pointed 性しか用いないので，この定理も一般の well-pointed なトポスで成り立つ．

第 **13** 話

1. 論理の初歩

S：大学での数学への第一歩として，論理の話をしよう．論理というのも圏論で捉えることができる．たとえば命題を対象とし，命題から命題を導く証明を射と考えればそれはすでに圏だということになる．これはいわば我々が数学するときにいつも「すでに生き抜いている」圏だ．だからこそ逆に「きちんと考えよう」とすると，いろいろデリケートな問題に出会うことになるし，論理学の基礎からきちんとやらなくてはいけなくなる．ということで，その話はやらない．その代わりに，おなじみの「集合と論理」の話をトポス的に展開してみよう．前回すでに導入したが，「かつ」を表す連言 $\Omega \times \Omega \overset{\wedge}{\longrightarrow} \Omega$ を $1 \xrightarrow{\binom{\text{True}}{\text{True}}} \Omega \times \Omega$ の特性射とする．また，「でない」を表す否定 $\Omega \overset{\neg}{\longrightarrow} \Omega$ を $1 \xrightarrow{\text{False}} \Omega$ の特性射として定め，「または」を表す選言 $\Omega \times \Omega \overset{\vee}{\longrightarrow} \Omega$ を $\vee := \neg \circ \wedge \circ (\neg \times \neg)$ で，「ならば」を表す含意 $\Omega \times \Omega \overset{\Rightarrow}{\longrightarrow} \Omega$ を $\Rightarrow := \vee \circ (\neg \times 1_\Omega)$ で定義する．

N：$\vee$ の定め方はいわゆるド・モルガンの法則だな．

S：この裏には $\neg \circ \neg = 1_\Omega$ という，well-pointed なトポスで成り立つ「定理」がある．ちなみに一般のトポスではもっとややこしい定義

になる．¬ の定義から ¬∘False ＝ True で，¬，False の定義を合わせれば，¬∘True もまた $0 \longrightarrow 1$ の特性射であることがわかるので，¬∘True ＝ False だ．よって well-pointed 性から ¬∘¬ ＝ 1_Ω がわかる．さて以上の準備を基にすれば，いわゆる「集合と論理」という話ができるようになる．「外延と内包」の話と言ってもよい．「外延的」すなわち部分集合についての演算ときれいに対応するような「内包的」すなわち性質についての論理演算が定められるという話だ．これを圏論的に見てみよう．以前述べた通り，集合上の「性質」は，その集合から真理値の集合 Ω への射とみなすことができる．いまからやりたいのは，ある集合 X 上の性質 $X \longrightarrow \Omega$ 全体から成る圏 $P(X)$ を考えることだ[*1]．まずは今までの出てきた概念を振り返っておこう．性質 $X \overset{\varphi}{\longrightarrow} \Omega$ に対して，True を φ で引き戻すことにより，X の部分 $M \overset{m}{\longrightarrow} X$ を定めることができる．これは同型を同一視すれば一意的だ．次に，前回も調べたことだが，引き戻しは逆像に相当するものだから，2 つの単射 $M_1 \overset{m_1}{\longrightarrow} X \overset{m_2}{\longleftarrow} M_2$ の引き戻しは M_1, M_2 の共通部分に相当するといえる．これを $M_1 \overset{\iota_1}{\longleftarrow} M_1 \cap M_2 \overset{\iota_2}{\longrightarrow} M_2$ と書き，$M_1 \cap M_2$ から X への射 $m_1 \circ \iota_1 = m_2 \circ \iota_2$ を $m_1 \cap m_2$ と書くことにする．すると，$m_1 \cap m_2$ の特性射は m_1 の特性射 φ_1 および m_2 の特性射 φ_2 を用いて $\wedge \circ \begin{pmatrix} \varphi_1 \\ \varphi_2 \end{pmatrix}$ と表された[*2]．これを $\varphi_1 \wedge \varphi_2$ と書く．他の論理演算子についても，二項演算子についてはこのような中置記法を採用することにしよう．また ¬∘φ は単に ¬φ と書くことにする．さて，m_1, m_2 に対して，$M_1 \overset{\alpha}{\longrightarrow} M_2$ で $m_1 = m_2 \circ \alpha$ なるものが存在するこ

[*1] "P" は，"property" だけでなく "proposition" あるいは "power" をも含めた表記．
[*2] 第 12 話 補題 3.

とと $\varphi_1 \wedge \varphi_2 = \varphi_1$ であることとは同値だった[*3]. ちなみに, こういった a が存在すればこれは単射で, $M_1 \xrightarrow{a} M_2$ は M_2 の部分だ. このことに注意しながら「性質の圏」$P(X)$ について考えよう. 対象は当然 X 上の性質, つまり **Set** の射 $X \to \Omega$ だ. 性質 φ, ψ 間の射を

> **Set** の射として $\varphi \wedge \psi = \varphi$ であることを $\varphi \longrightarrow \psi$ と表す

と定める. 先程のことから, これはちょうど X の部分たちの間の包含関係に相当することがわかるだろう.

N: 単射の結合の話に直せば, 恒等射の存在や合成ができることは明らかだな. 単位律, 結合律も良い. ところでこのように定義するということは, 性質間の射は存在しないか一つだけ存在するかのいずれかということか?

S: そうなるな. このこともまた包含関係と対応している. また, この圏においては二つの対象が同型ならばそもそも等しくなる. さて, 圏としての枠組みが整ったから色々言える. というか, 色々言えすぎて困るくらいだ. たとえば積については次の通り:

定理1 $\varphi_1 \wedge \varphi_2$ は φ_1, φ_2 の $P(X)$ における積である.

N: 各 $i = 1, 2$ に対して, φ_i に対応する単射を $M_i \xrightarrow{m_i} X$ とし, m_1, m_2 の引き戻しを $M_1 \xleftarrow{\iota_1} M_1 \cap M_2 \xrightarrow{\iota_2} M_2$ とすれば, $m_1 \cap m_2 = m_i \circ \iota_i$ だから射 $\varphi_1 \longleftarrow \varphi_1 \wedge \varphi_2 \longrightarrow \varphi_2$ の存在がわかる. あとは $\psi \longrightarrow \varphi_1$, $\psi \longrightarrow \varphi_2$ から一意な射 $\psi \longrightarrow \varphi_1 \wedge \varphi_2$ で云々かんぬんか. いや, 今の場合「一意」もなにも射はあるかないかしかないからあれば良いのか.

[*3] 第 12 話補題 4.

S: それに，通常要請される「自然な射」を通じた可換性も自動的に出る．

N: 楽でよろしい．ϕ に対応する単射を $M \xrightarrow{m} X$ とすると，各 $i = 1, 2$ に対して，射 $M \xrightarrow{\alpha_i} M_i$ で $m = m_i \circ \alpha_i$ なるものが存在する．だから $m_1 \circ \alpha_1 = m_2 \circ \alpha_2$ で，引き戻しの性質から射 $M \xrightarrow{u} M_1 \cap M_2$ で $\alpha_i = \iota_i \circ u$ なるものが一意に存在する．あとは

$$m = m_1 \circ \alpha_1 = m_1 \circ \iota_1 \circ u = m_1 \cap m_2 \circ u$$

だから，射 $\varphi \longrightarrow \varphi_1 \wedge \varphi_2$ が存在する．

S: これで $\wedge$ が $P(X)$ の積だとわかったから

> **系 2**　$\wedge$ は結合的，すなわち $\varphi \wedge (\kappa \wedge \phi) = (\varphi \wedge \kappa) \wedge \phi$ が成り立つ．また，このことから定義により $\vee$ もまた結合的である．

ことなんかは当たり前だろう．だって積なんだから．あとは，そうだな，$\mathrm{True}_X := \mathrm{True} \circ !_X, \mathrm{False}_X := \mathrm{False} \circ !_X$ について，

> **定理 3**　任意の性質 φ に対して $\varphi \wedge \mathrm{True}_X = \varphi$ が成り立つ．すなわち True_X は $P(X)$ の終対象である．同様に，False_X は始対象である．また，$\varphi \wedge \neg\varphi = \mathrm{False}_X$ が成り立つ．ド・モルガンの法則により，これは $\varphi \vee \neg\varphi = \mathrm{True}_X$ と同値である[*4]．

とかも重要だな．さて，これらを使うと

$$\varphi \wedge \phi \Rightarrow \phi = \neg(\varphi \wedge \phi) \vee \phi = \neg\varphi \vee \neg\phi \vee \phi = \neg\varphi \vee \mathrm{True}_X = \mathrm{True}_X$$

という「$\wedge$ – 除去」が証明できる．これと $\varphi \longrightarrow \phi$ の定義とを合わせると

[*4]　True_X は「X 上恒等的に真なる性質」に相当する．X の要素を任意にとってきて，well-pointed 性を使えば簡単にわかる．

> **定理 4** $\varphi \longrightarrow \psi$ と $\varphi \Rightarrow \psi = \mathrm{True}_X$ とは同値である.

ことがわかる[*5]. 要は, φ から ψ への射が存在するのは, X 上で「φ ならば ψ である」ときだ, という特徴付けができるわけだ. このことと

$$\varphi \Rightarrow \psi = \neg \varphi \vee \psi = \neg \varphi \vee \neg \neg \psi = \neg \psi \Rightarrow \neg \varphi$$

すなわち, 元の命題と対偶命題とが同値であることととをあわせれば

> **定理 5** $\varphi \longrightarrow \psi$ と $\neg \psi \longrightarrow \neg \varphi$ とは同値である.

ことがわかる. すると

> **定理 6** $\varphi_1 \vee \varphi_2$ は φ_1, φ_2 の $P(X)$ における余積である.

ことがド・モルガンの法則からすぐわかる[*6]. さて, 辛い記憶を思い出さないためにあえて避けてきたが, そろそろトポスの基本定理を使わなければならないときのようだ. **Set** における X への単射 $M \overset{m}{\longrightarrow} X \overset{n}{\longleftarrow} N$ は $\mathbf{Set}/X$ での終対象への単射 $[m] \overset{m}{\longrightarrow} [1_X] \overset{n}{\longleftarrow} [n]$ になる. $\mathbf{Set}/X$ はトポスだから冪 $[m]^{[n]}$ を考えることができる. それだけでなく, 終対象への一意な射 $[m]^{[n]} \longrightarrow [1_X]$ が単射であることが冪の定義からわかる. そんなわけで $P(X)$ にも冪が存在して, それは $\mathrm{dom}([m]^{[n]})$ の特性射だ.

[*5] $\varphi \longrightarrow \psi$ なら $\varphi \wedge \psi = \varphi$ だから $\wedge$-除去の規則とあわせて $\varphi \Rightarrow \psi = \mathrm{True}_X$ である. $\varphi \wedge \psi \neq \varphi$ なら, well-pointed 性によって $x \in X$ で $(\varphi \wedge \psi) \circ x \neq \varphi \circ x$ となるものが存在する. 左辺は $(\varphi \circ x) \wedge (\psi \circ x)$ で, この式をみたす $\varphi \circ x, \psi \circ x$ は $\varphi \circ x = \mathrm{True}$, $\psi \circ x = \mathrm{False}$ のみ. この x に対して $(\varphi \Rightarrow \psi) \circ x = (\neg \varphi \circ x) \vee (\psi \circ x) = \mathrm{False}$ となるから, 同値性がわかる.

[*6] $\varphi_1 \longrightarrow \psi \longleftarrow \varphi_2$ とすると $\neg \varphi_1 \longleftarrow \neg \psi \longrightarrow \neg \varphi_2$ だから $\neg \psi \longrightarrow \neg \varphi_1 \wedge \neg \varphi_2$ が存在して, ド・モルガンの法則から $\varphi_1 \vee \varphi_2 \longrightarrow \psi$ が存在する.

したがって $P(X)$ は CCC で

定理 7 $P(X)$ では分配法則，すなわち $\varphi \wedge (\kappa \vee \phi) = (\varphi \wedge \kappa) \vee (\varphi \wedge \phi)$ が成り立つ．

さらに実は

定理 8 $\varphi \wedge \kappa \longrightarrow \phi$ と $\varphi \longrightarrow \kappa \Rightarrow \phi$ とは同値である．すなわち，$P(X)$ における κ から ϕ への冪は $\Rightarrow$ を用いて $\kappa \Rightarrow \phi$ と表される．

ことがわかる．

N： $\varphi = \varphi \wedge (\kappa \vee \neg \kappa) = (\varphi \wedge \kappa) \vee (\varphi \wedge \neg \kappa)$ と変形できるから，$\varphi \wedge \kappa \longrightarrow \phi$ なら $\varphi \wedge \neg \kappa \longrightarrow \neg \kappa$ と合わせて $\varphi \longrightarrow \phi \vee \neg \kappa$ がいえて，この射の余域は $\kappa \Rightarrow \phi$ だ．逆に $\varphi \longrightarrow \kappa \Rightarrow \phi$ なら $\varphi \wedge \kappa \longrightarrow (\neg \kappa \vee \phi) \wedge \kappa$ で，分配法則および定理 3 によって余域は $\phi \wedge \kappa$ に等しい．$\phi \wedge \kappa \longrightarrow \phi$ と合わせれば $\varphi \wedge \kappa \longrightarrow \phi$ がわかる．

S： 特に評価 $(\varphi \Rightarrow \phi) \wedge \varphi \longrightarrow \phi$ は名高い「モーダス・ポネンス」にあたるもので重要だ．ここまでくれば当然「任意」とか「存在」をどう捉えるかにも興味が出てくるだろうが，これは次回に話そう．

N： いや，興味なんてないぞ．

S： なんと向上心のない見下げ果てた奴だ．精神的に向上心のない馬鹿は馬鹿だぞ，$\wedge$ – 除去によって．

N： いやいや，どんなものでも締切が与えられるとついギリギリまでサボってしまうんだが，これは高すぎる向上心が常に締切の限界に挑戦させるものと解釈できる．

S： 何を言っているんだね，君は．

第 **14** 話

1. 随伴としての量化子

S：論理の話の締めくくりとして，いわゆる「量化子」について議論しよう．

N：量化子というと，∃, ∀ のことか．

S：そうだな．通常，何らかの性質 φ に対して「$\exists x\varphi(x)$」と書けば，「φ であるような x が存在する」ことを意味する．「$\forall x$」だと「すべての x が云々」だ．像の概念を導入したときに触れた通り[*1]，随伴を通じて存在量化子 ∃ について論じることができるんだ．

N：集合論的にいって，写像 $f : X \longrightarrow Y$ による集合 $A \subset X$ の順像 $f(A)$ は

$$f(A) := \{ y \in Y \mid \exists x \in A \ \ y = f(x) \}$$

と定義されるから，確かに関係深そうだな．

S：関係深いというか，正にこれが核心なのだが，まあ順を追って話を話を進めよう．前回に引き続き **Set** に焦点を絞るが，well-pointed なトポスであれば問題ない．さてそもそも「随伴」だと言っ

---

*1 第 9 話.

ているのだから，まずはその「相方」が何なのかというところから
だ．**Set** における射 $X \overset{f}{\longrightarrow} Y$ を考えよう．この瞬間，特殊な訓練
を積んだカテゴリストの脳内には圏 $P(X)$ と $P(Y)$ とが閃く．

N：え，こわいなあ．圏 $P(X)$ というのは，X 上の性質たちが成す圏
だったな．

S：これらの圏は射 f から導かれる関手によってつながっている
んだ．まず**引き戻し関手**（**pullback functor**）$f^*: P(Y) \longrightarrow P(X)$
が，もちろんその名前通り引き戻しによって定まる．$P(Y)$ の対象
$Y \overset{\phi}{\longrightarrow} \Omega$ に対して，図式

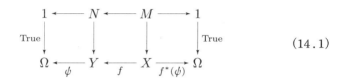

$$\text{(14.1)}$$

を左から順に追っていくことで $P(X)$ の対象 $f^*(\phi)$ を対応させる
んだ．

N：ϕ を特性射とする単射を $N \longrightarrow Y$ として，$N \longrightarrow Y \overset{f}{\longleftarrow} X$ の引き
戻し $N \longleftarrow M \longrightarrow X$ の $M \longrightarrow X$ に対応する特性射を $f^*(\phi)$ とする
ということか．ややこしい．

S：ところが，引き戻しの引き戻しはまた引き戻しだから，特性射
の一意性によって $f^*(\phi) = \phi \circ f$ という単純な表現が可能だ．さて
「関手」というからには対象同士の対応だけでなく射の対応も必要
だが，こちらも簡単に示せる．性質の圏における射が含意 $\Rightarrow$ を用
いて表現できることを思い出してくれ．

N：思い出せない．

S：なぜそのように話の腰を折ることにベストを尽くしてしまうの

か．$P(Y)$ の射 $\phi_1 \longrightarrow \phi_2$ は $\phi_1 \Rightarrow \phi_2 = \mathrm{True}_Y$ を意味すると特徴付けられたではないか．

N：ふうん，そうだったなあ．となると対象 $f^*(\phi_1) \Rightarrow f^*(\phi_2)$ を評価すれば良いわけか．

$$f^*(\phi_1) \Rightarrow f^*(\phi_2) = \Rightarrow \circ \begin{pmatrix} \phi_1 \circ f \\ \phi_2 \circ f \end{pmatrix} = \Rightarrow \circ \begin{pmatrix} \phi_1 \\ \phi_2 \end{pmatrix} \circ f = (\phi_1 \Rightarrow \phi_2) \circ f$$

となるから，$\phi_1 \Rightarrow \phi_2 = \mathrm{True}_Y$ なら $f^*(\phi_1) \Rightarrow f^*(\phi_2) = \mathrm{True}_Y \circ f$ $= \mathrm{True}_X$ で，$P(X)$ において $f^*(\phi_1) \longrightarrow f^*(\phi_2)$ だな．

S：これで f^* が射の対応なのだとわかった．射の対応が関手であるためには，各対象の恒等射がうつった先の対象の恒等射にうつること，合成操作と関手とが可換であることが必要だったが，これらはみたされている．というのも，性質の圏においては対象間に射がないかただ一つのみ存在するかだからだ．ところで冒頭で集合論について触れたついでにこの関手性を集合論的に解釈しておくと，写像 $f : X \longrightarrow Y$ が与えられたとき，Y の部分集合 N_1, N_2 について，$N_1 \subset N_2$ ならその逆像についても包含関係が遺伝して $f^{-1}(N_1) \subset f^{-1}(N_2)$ が成り立つことを意味している．さていよいよ本題の存在量化子についてだが，$P(X)$ の対象 φ に対して $P(Y)$ の対象 $\exists_f(\varphi)$ を，像を経由して次のように定める：

$$
\begin{array}{ccccccc}
1 & \longleftarrow & M & \overset{e}{\longrightarrow} & I & \longrightarrow & 1 \\
{\scriptstyle \mathrm{True}}\downarrow & & \downarrow & & {\scriptstyle m}\downarrow & & \downarrow{\scriptstyle \mathrm{True}} \\
\Omega & \underset{\varphi}{\longleftarrow} & X & \underset{f}{\longrightarrow} & Y & \underset{\exists_f(\varphi)}{\longrightarrow} & \Omega
\end{array}
\qquad (14.2)
$$

N：φ を特性射とする単射を $M \longrightarrow X$ として，合成射 $M \longrightarrow X \overset{f}{\longrightarrow} Y$ の全射単射分解 $M \overset{e}{\longrightarrow} I \overset{m}{\longrightarrow} Y$ を考えているんだな．

S: f^* の場合と同じく，$\exists_f$ が射の対応になっていることさえわかれば関手だと言える．$P(X)$ における射 $\varphi_1 \longrightarrow \varphi_2$ を考え，$j = 1, 2$ に対して，φ_j を特性射とするような単射を $M_j \xrightarrow{\iota_j} X$ とする．さらに $M_j \xrightarrow{\iota_j} X \xrightarrow{f} Y$ の全射単射分解を $M_j \xrightarrow{e_j} I_j \xrightarrow{m_j} Y$ とする．さて，射 $\varphi_1 \longrightarrow \varphi_2$ が存在することと $M_1 \xrightarrow{\alpha} M_2$ で $\iota_1 = \iota_2 \circ \alpha$ なるものが存在することとは同値だから[*2]，これを含めてまとめると

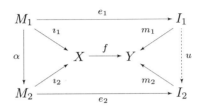

という可換図式が描ける．$I_1 \xrightarrow{u} I_2$ は像の性質から導かれる射だ．

N: $M_1 \xrightarrow{\iota_1} X \xrightarrow{f} Y$ の全射単射分解が $M_1 \xrightarrow{e_1} I_1 \xrightarrow{m_1} Y$ である一方で，別の合成射 $M_1 \xrightarrow{\alpha} M_2 \xrightarrow{e_2} I_2 \xrightarrow{m_2} Y$ が存在して $I_2 \xrightarrow{m_2} Y$ が単射だからか．この場合，一意に存在する射 $I_1 \xrightarrow{u} I_2$ は，$m_1 = m_2 \circ u$ をみたすから，今君が使った特徴付けによって，$\exists_f(\varphi_1) \longrightarrow \exists_f(\varphi_2)$ だといえるな．確かに $\exists_f$ は関手のようだ．それで，随伴がどうのこうのと言っていたが，$\exists_f f^*,\ f^* \exists_f$ について調べるのか？

S: ほう，随分と察しが良いではないか．どちらからでも良いが，まず $\exists_f f^*$ について考えよう．(14.1) で得られた $f^*(\psi)$ でうつすとどうなるかを調べれば良いんだが，$M \longrightarrow X \xrightarrow{f} Y$ の像を $I \longrightarrow Y$ とすれば，この特性射が $\exists_f f^*(\psi)$ だ．像の性質から得られる

[*2] 第 12 話の補題 4.

$I \longrightarrow N$ が $\exists_f f^*(\psi) \longrightarrow \psi$ を導く．(14.2)における $X \xrightarrow{f} Y \xleftarrow{m} I$ の引き戻し $X \longleftarrow J \longrightarrow I$ を考えると，引き戻しの性質によって存在する射 $M \rightarrow J$ から $\varphi \longrightarrow f^* \exists_f(\varphi)$ がわかる．

N： これで自然変換 $\varepsilon : \exists_f f^* \Longrightarrow \mathrm{id}_{P(Y)}$ と $\eta : \mathrm{id}_{P(X)} \Longrightarrow f^* \exists_f$ とが得られたことになるな．後は三角等式だが，ああこれも自明に成り立つのか．

S： 従って，我々は随伴関係 $\langle \exists_f, f^*, \varepsilon, \eta \rangle$ を得たことになる．全称量化子 $\forall_f$ については，選言 $\vee$ と同じくド・モルガンの法則のように定められる．これは選言の場合と同じく well-pointed なトポスならではの簡便な定義で，一般のトポスでは使えないが，$P(X)$ の対象 φ に対して

$$\forall_f(\varphi) := \neg \, \exists_f(\neg \varphi)$$

とするんだ．ちなみに，記号が煩雑になるから書いていないが，括弧の中の $\neg$ は $P(X)$ における否定，外のものは $P(Y)$ における否定だから注意してくれ．

N： $\varphi_1 \longrightarrow \varphi_2$ から $\neg \varphi_1 \longleftarrow \neg \varphi_2$ が得られて，これを $\exists_f$ でうつせば $\exists_f(\neg \varphi_1) \longleftarrow \exists_f(\neg \varphi_2)$ だから，再度否定をとれば $\forall_f(\varphi_1) \longrightarrow \forall_f(\varphi_2)$ だな．

S： 重要なのは，$\forall_f$ もまた f^* と随伴関係にあるということだ．$\eta_{\neg\varphi} : \neg\varphi \longrightarrow f^* \exists_f(\neg\varphi)$ の対偶をとると $\neg\neg\varphi \longleftarrow \neg f^* \exists_f(\neg\varphi)$ となるが，$\neg\neg\varphi = \varphi$ だし，

$$\neg f^* \exists_f(\neg\varphi) = \neg \circ \exists_f(\neg\varphi) \circ f = \forall_f(\varphi) \circ f = f^* \forall_f(\varphi)$$

だから $\varphi \longleftarrow f^* \forall_f(\varphi)$ だ．この射に対応する自然変換を $\eta' : f^* \forall_f \Longrightarrow \mathrm{id}_{P(X)}$ としよう．同様に $\varepsilon_{\neg\psi}$ からは自然変換 $\varepsilon' : \mathrm{id}_{P(Y)} \Longrightarrow \forall_f f^*$

が得られるから，こうして随伴関係 $\langle f^*, \forall_f, \eta', \varepsilon' \rangle$ が成り立つことがわかった．「随伴関手はいたるところに現れる」という圏論でよく知られたスローガンの実例だ[*3]．

2. 双対圏と反変関手

N：ところで，さっきから気になっていたのだが，**Set** における射 $X \xrightarrow{f} Y$ からは，性質の圏 $P(Y)$ から性質の圏 $P(X)$ への引き戻し関手 f^* が定まっているわけだが，この f から f^* への対応 ( )* は圏論の言葉ではどう捉えれば良いんだ？

S：そんなもの，**Set** から **Cat**[*4] への反変関手に決まっているではないか．

N：なんだ反変関手って．そんな言葉使ったことがないだろうが．

S：え，こんなに長い間圏の話をしていて，定義をしなければ察することもできないのか．まあ良い，ついでだから定義しておこう．圏 $\mathcal{C}$ から圏 $\mathcal{D}$ への**反変関手**（contravariant functor）とは，$\mathcal{C}$ の「双対圏」から $\mathcal{D}$ への関手のことだ．ちなみに今まで使っていた「ふつうの」関手のことを反変関手と区別するために**共変関手**（covariant functor）と呼んだりもする．$\mathcal{C}$ の**双対圏**（dual category）$\mathcal{C}^{\mathrm{op}}$ の定義はきわめて簡単で，$\mathcal{C}$ の対象も射もそのままに，dom, cod だけを

---

*3 Saunders Mac Lane, "Categories for the Working Mathematician", second edition.
*4 **Cat** とは，圏を対象とし関手を射とする圏．本当は，この言い方では容易にパラドクスに逢着するので，たとえばすぐ後で定義される「小さい圏」の成す圏，というのが良いだろうが，ここでは拘泥しない．また，集合圏に対してそうしたように，「圏の圏」を直接に「これこれの性質をみたす圏」として導入する仕方もある．

入れ替えたものだ．平たく言えば，$X \xrightarrow{f} Y$ を $Y \xrightarrow{f} X$ だと思った
もので，このことから**反対圏**(opposite category)と呼ぶこともある．

N：ああ，なるほど．完全に理解した．それは逆射を考えるとかそ
ういうことか．

S：君のその捉え方は，実に，際限もなく誤っている．そもそもすべ
ての射が可逆でないかぎり，そのような射が常にとれるはずもな
かろう．そうではなく，ただひたすらに，$X \xrightarrow{f} Y$ を $Y \xrightarrow{f} X$ と
「書く」だけのことだ．

N：ただ形式的にひっくり返すだけなんだな．そんなことをしていっ
たい何の役に立つんだ．

S：さっき反変関手を定義するために役立てたばかりではないか．そ
して反変関手は，君が正に気づいたように，「集合と性質の対応」と
いった数学において普遍的な対応の型，いわゆる「双対性」を表現
するために不可欠なのだ．

N：双対性というのは，「矢印をひっくり返すような対応」のことなん
だな．

S：その通り．多くのひとが日常のなかで経験する双対性の例として
は，まさに性質と集合の話になるが，「内包と外延の双対性」があげ
られる．

N：条件を多くすると，その条件をみたすものは少なくなる，という
おなじみのやつだな．「より多い」という関係を射と思えば，たし
かに反変関手となっている．線型代数の講義をうたっておきなが
ら圏論の話をすればするほど受講者数が少なくなる，というのも
双対性の例といえるな．

S：唐突にあてこすりを始めるのはやめたまえ．まあ双対性の話は，

のちに「双対空間」について論じるときにたっぷり話すことにしよう．覚えていれば．

N：ああ，忘れるのは任せてくれ．

3. **Oh, that Yoneda**

S：折角 Set を定義して，反変関手の話までしたのだから，米田埋め込みについて話さないわけにはいかない．米田埋め込みというのは，簡単にいえば，「局所的に小さい圏はその双対圏から Set への関手圏に埋め込める」という話だ．

N：なにが「簡単にいえば」だ．全然簡単に聞こえないぞ．

S：順を追って説明するから少しは我慢強く聞きなさい．まず，圏 $\mathcal{C}$ が**局所的に小さい圏**（locally small category）であるとは，任意の対象の対 A, B に対し，A から B への射の集まり $\mathrm{Hom}_{\mathcal{C}}(A, B)$ が Set の対象と「見なせる」ことをいう．「見なせる」というのは，A, B を定めるごとに集合圏 Set の対象で，対象の要素と A から B への射とが一対一に対応するようなものが存在することをいっている．集合圏の対象というのは要するに集合論で扱う「集合」のことだから，$\mathrm{Hom}_{\mathcal{C}}(A, B)$ が「集合の全体の集まり」というような巨大でオソロシイ「クラス」と呼ばれるものではなく充分「小さい」といったような意味だ．

N：なるほど，「小さい」の意味はおおむね分かったが「局所的に」とはどういう意味だ．

S：もしも，圏 $\mathcal{C}$ の対象全体や射全体の集まり自体が集合と見なせ

るならば，これは**小さい圏**（**small category**）と呼ばれる．しかし，そこまで強いことを要求せず，対象のペアごとにその間の射の集まりが「小さい」ことのみを要求するのが「局所的に小さい」圏だ．まあ，数学で日常的に出会うような圏はほとんど「局所的に小さい」から安心したまえ．たとえば **Set** はカルテジアン閉圏であり，$\mathrm{Hom}_{\mathcal{C}}(A, B)$ はその冪対象と見なせるから大丈夫だし，**Set** の一部を成すような圏ならもちろん大丈夫だ．

N：「数学で日常的に出会うような圏」とはまたわけのわからんことを．まあとにかく，そういう「ふつうの」圏はすべて，その双対圏から **Set** への関手圏に埋め込めるというわけか．

S：記号の濫用ではあるが，局所的に小さい圏に対しては $\mathrm{Hom}_{\mathcal{C}}(A, B)$ で「A から B への射の集まり」だけでなく，「射の集まりに対応する集合」を表すことにしよう．また，厳格に捉えれば「$f \in \mathrm{Hom}_{\mathcal{C}}(A, B)$」というのは「射 $1 \xrightarrow{f} \mathrm{Hom}_{\mathcal{C}}(A, B)$」を表すことになってしまうが，これで「$A$ から B への射 f」を意味することだと解釈しよう．この上で，$\mathcal{C}$ の各対象 A に対して，反変関手 H_A を次のように定義する．$\mathcal{C}$ の対象 X に対しては集合 $\mathrm{Hom}_{\mathcal{C}}(X, A)$ を対応させ，$\mathcal{C}$ の射 $X \xrightarrow{f} Y$ に対しては写像 $\mathrm{Hom}_{\mathcal{C}}(Y, A) \ni g \longmapsto g \circ f \in \mathrm{Hom}_{\mathcal{C}}(X, A)$ を対応させるものとする．このとき，$\mathcal{C}$ の対象 A から反変関手 H_A への対応 $H_{()}$ からは，対象 $\mathcal{C}$ から関手圏 $\mathrm{Fun}(\mathcal{C}^{\mathrm{op}}, \mathbf{Set})$ への関手が定まる．

N：圏 $\mathcal{C}$ の射 $A_0 \xrightarrow{\alpha} A_1$ に対しては，$\mathrm{Fun}(\mathcal{C}^{\mathrm{op}}, \mathbf{Set})$ の射すなわち自然変換 $H_{A_0}(X) \xrightarrow{H\alpha} H_{A_1}(X)$ [*5] を，$\mathrm{Hom}(X, A_0) \ni h \longmapsto \alpha \circ h \in$

[*5] 本書では通常，自然変換には二本線の矢印を用いているが，ここでは関手圏の射とみなしている．

Hom(X, A_1) として定めれば良いのだな．確かに $H_{(\,)}$ は $\mathcal{C}$ からの関手となるようだ．だが，それがどうしたというのだ．

S： まず，この関手 $H_{(\,)}$ の構成により，日常で出会う圏というのは「関手圏の中に埋め込んで考えることができる」といえる．

N： 関手圏を考えるというのは，「関手は対象と思えるし，自然変換は射と思える」ということだったわけだが，ある意味ではその「逆」，すなわち，「対象は関手と思えるし，射は自然変換と思える」ということを述べているといえるな．

S： その通りだ．しかもこの関手圏はトポスとなる[*6]．結果として $H_{(\,)}$ は，一般の圏をトポスに埋め込むことによって，かなり集合論的な議論を可能にしてくれるのだ．ここで関手 $H_{(\,)}$ が**埋め込み** (embedding)，あるいは**充満忠実** (full and faithful) であるというのは，$f \in \mathrm{Hom}_{\mathcal{C}}(X, Y)$ に $H_f \in \mathrm{Hom}_{\mathrm{Fun}(\mathcal{C}^{\mathrm{op}}, \mathbf{Set})}(H_X, H_Y)$ を対応させる写像 $f \longmapsto H_f$ が $\mathbf{Set}$ における同型，すなわち全単射となることをいう．ちなみに $f \longmapsto H_f$ が単射であるとき $H_{(\,)}$ は**忠実** (faithful)，全射であるとき**充満** (full) であるという．さて，この $H_{(\,)}$ が埋め込みであることを使うと，$H_X \cong H_Y$ ならば $X \cong Y$ ということがわかるのだ．つまり，埋め込み先の圏における同型[*7] からもとの圏における同型がわかるんだ．すごいだろう．

N： そんなの直接 $X \cong Y$ を言ったほうが簡単じゃないのか．

S： なぜ君はそのように洞察力がないのか．集合圏 $\mathbf{Set}$ においては，終対象からの射である「要素」を用いた考察が自在に可能だが，一般の圏においてはそのような概念は存在しない．いわば，一般の

[*6] 一般に，「$\mathbf{Set}$ への関手圏」はトポスとなる！

[*7] 実際には関手間の自然同値である．

圏の対象に関しては，その「要素」について「何もいえない」かもしれないのだ [*8]．したがって，ある対象が同型かどうかというのは非常に難しい問題となり得る．ところが，上のような埋め込みを通じて，「要素」の概念に頼れない世界においても同型を論じられるようになるのだ．この偉大なる埋め込み関手 $H_{(\ )}$ を，**米田埋め込み（Yoneda embedding）**と呼んでいる．

N：おお，あの米田か．

S：知ってるのか．

N：もちろんだ，米田埋め込みの米田だろう．おそらく人名だろうとは推測される．

S：よくもまあそんなくだらない言明のために口を動かせるものだ．それはさておき，米田埋め込み $H_{(\ )}$ の構成や，$H_{(\ )}$ がまさに埋め込みであることを示すのにも使われる有名な「米田の補題」は，「要素がないとできそうにない」ことが実は圏論においてもできるということを示す基本的な結果だった．これらの結果を示した米田信夫氏は圏論から計算機科学に転じて重要な仕事をしたらしいが，後年圏論の専門家たちに会った時，自分が米田というものだと名乗ると，"Oh, that Yoneda" と跪いて礼拝されたそうだ．

N：「おお，あの米田か！」というわけだな．

S：さて，これでおおよそ圏論の基礎知識も一通りそろったところで，いよいよ次回からは，線型代数の本論へと進もう．

N：おお，あの線型代数か．

（つづく）

[*8] 実際，「要素をもたない」のに非自明な対象を数多く考え得る．

あとがき

　もしかすると「まえがき」で述べるべきだったかも知れないが，本書は現在も『現代数学』誌で継続している『しゃべくり線型代数』という連載の最初の 14 回を取りまとめ，修正・加筆を施したものである．「線型代数」を掲げながら圏論的集合論から始まる（そしていまだに圏論沼からは抜けていない）この常識外れな連載は，ひとえに『現代数学』を発行する現代数学社社長・富田淳氏の並外れた寛大さと氏の出版人としての高邁な理想とによって可能となった．

　いつ打ち切られても文句はないというつもりで思う存分に連載を続けているところ，このたび単行本化まで打診していただき著者らとしては恐縮至極であった．富田氏に「こんな本を出して本当に大丈夫ですか？」と何度も確認してしまったほどである．しかし，このように取りまとめてみると，もしかしたら我々は自分たちが思っていたよりも意義のある本を出したのではないかと思い始めた（錯覚でないことを祈る）．怠惰で不真面目な我々がまさか「トポスの基本定理」の証明まで書くことになるとは思いもしなかったが，圏論やトポス理論の基礎事項（のごく一部）をこういう形でコンパクトにまとめた本を世の中に一冊くらい加えてもバチは当たらないのではないかと思う．

　我々の達成感の妥当性については読者に判断をゆだねるほかないが，我々が自分たちの可能な範囲で力を尽くし，このような常識外れの本を上梓することができたのも，富田氏をはじめ数限りない方々のご助力によるものである．

　西郷は，自らの執筆部分を（それがどの程度あるのか定かではな

いが），連載時には原稿を精査してくれ，いまはかけがえのない伴侶となった美紗に捧げる．能美は特に捧げる相手を思い付かないので，せっかくだから自らの執筆部分を森羅万象に捧げることにする．

　そして著者二人は，本書をここまで読み進めてくださった読者のあなたに心から感謝する．

西郷甲矢人・能美十三

参考文献

Awodey, S.（2008）． *Category theory*（2 nd edition），Oxford University Press.（アウディ，S. 前原和寿（訳）(2015)．圏論原著第 2 版　共立出版）

Lawvere, F. W., Rosebrugh, R.（2003）*Sets for mathematics*，Cambridge University Press.

Lawvere, F. W., Schanuel, S. H.（1997）*Conceptual mathematics*，Cambridge University Press.

Leinster, T.（2014）． *Basic category theory*，Cambridge University Press.（レンスター，T. 斎藤恭司（監修）土岡俊介（訳）(2017)．ベーシック圏論　丸善出版）

MacLane, S.（1986）． *Mathematics Form and Function*，Springer-Verlag.（マックレーン，S. 彌永昌吉（監修）赤尾和男・岡本周一（訳）(1992)．数学 - その形式と機能　森北出版）

MacLane, S.（1998）． *Categories for the working mathematician*，Springer-Verlag.（マックレーン，S. 三好博之・高木理（訳）(2012)．圏論の基礎　丸善出版）

西郷甲矢人・能美十三（2019）．圏論の道案内　技術評論社

竹内外史（1978）．層・圏・トポス　日本評論社

索 引

著者紹介：

西郷甲矢人 (さいごう・はやと)

1983 年生まれ．数学者 (長浜バイオ大学教授)．

能美十三 (のうみ・じゅうぞう)

1983 年生まれ．会社員．

せんけいだいすうたい わ
線型代数対話　第 1 巻　けんろんてきしゅうごうろん　圏論的集合論 —集合圏とトポス—　しゅうごうけん

2021 年 3 月 23 日	初　版第 1 刷発行
2021 年 5 月 23 日	〃　第 2 刷発行
2022 年 5 月 16 日	第 2 版第 1 刷発行
2023 年 4 月 10 日	〃　第 2 刷発行

著　者　　西郷甲矢人・能美十三

発行者　　富田　淳

発行所　　株式会社　現代数学社
　　　　　〒 606–8425 京都市左京区鹿ヶ谷西寺ノ前町 1
　　　　　TEL 075 (751) 0727　FAX 075 (744) 0906
　　　　　https://www.gensu.co.jp/

装　幀　　中西真一 (株式会社 CANVAS)

印刷・製本　　有限会社 ニシダ印刷製本

ISBN 978–4–7687–0554–4
2021 Printed in Japan